Die

Kraftversorgung

der deutschen Städte

durch Leuchtgas.

––––––––

Von

Franz Schäfer,

Dessau.

München und **Leipzig.**
Druck und Verlag von R. Oldenbourg.
1894.

Erweiterter Sonderabdruck
aus
Journal für Gasbeleuchtung und Wasserversorgung,
XXXVII. Jahrgang, Heft 16—19.

»Die Dampfkraft hat den Grossbetrieb, das Fabrikwesen, ermöglicht und auf jede Weise gefördert; sie hat aber dem kleinen Handwerker ihre Hilfe versagt und so die jetzt so bedrohlich gewordene sociale Frage geschaffen.« Mit mehr oder minder weitschweifigen Betrachtungen über diese von Stuart Mill und vielen Andern aufgestellte These beginnen die meisten Abhandlungen über Kleinmotoren und Kraftversorgung. Nicht die Entwickelung des Maschinenwesens überhaupt wird für die missliche Lage des Kleingewerbes verantwortlich gemacht; denn »die Uebertragung der Arbeitsmaschinen der Grossindustrie in die Werkstätte des Handwerkers bietet nur geringe Schwierigkeiten, da hierbei nur eine Verminderung der Abmessungen erforderlich« (Knoke, die Kraftmaschinen des Kleingewerbes, Berlin 1887, Springer). Von der Schaffung einer kleinen, billig arbeitenden Kraftmaschine wird die Erhaltung des gewerbetreibenden Mittelstandes abhängig gemacht. Prof. Slaby schrieb z. B. (Z. d. V. d. J. 1880, S. 496): »Sobald dem Handwerk die Quellen billiger mechanischer Triebkraft fliessen, wird es mit seinen Erzeugnissen denen der Grossindustrie erfolgreich Concurrenz machen, wird es dieselbe sogar in vielen Fällen überflügeln können.« Noch etwas weiter geht Prof. Reuleaux in der Schrift »Die Maschine in der Arbeiterfrage«: »Geben wir dem Kleinmeister Elementarkraft zu ebenso billigem Preise, wie dem Capital die grosse mächtige Dampfmaschine zu Gebote steht, und wir erhalten diese wichtige Gesell-

1*

schaftsklasse, wir stärken sie, wo sie glücklicher Weise noch besteht, wir bringen sie wieder auf, wo sie bereits im Verschwinden ist.« Nun sind zahlreiche Kleinmotoren und Kraftvertheilungssysteme erfunden worden und zur praktischen Verwerthung gekommen; es »hat sich aber die Ansicht der Enthusiasten für Kleinmotorenbetrieb, der Optimisten, welche mit dem Kleinmotor das Handwerk genügend stark für den Wettbewerb mit der Grossindustrie machen wollten, nicht als zutreffend erwiesen« (Allgem. Handwerkerztg. 1893). Was hier aus Handwerkerkreisen heraus behauptet wird, ist auch von anderer Seite längst gesagt worden, und angesichts der Thatsache, dass die in erster Linie Sachverständigen, die Kleingewerbetreibenden selbst, ganz andere Forderungen erheben, als den Ruf nach Betriebskraft, und dass die durch die Grossindustrie bedrängten Kleinhandwerker da, wo eine Kraftversorgung besteht, in wider Erwarten geringem Maasse betheiligt sind, wie an späterer Stelle dieses Aufsatzes nachgewiesen werden wird, sollte der Kleinmotor wenigstens nicht mehr als das alleinige Heilmittel für die socialen Missverhältnisse hingestellt werden.

Gleichwohl ertönt der Ruf nach Schaffung einer centralen Kraftversorgung der Städte heute lauter als jemals. Druckwasser, Druckluft und verdünnte Luft sind empfohlen worden, und seit der internationalen electrotechnischen Ausstellung in Frankfurt a. M. 1891 ist es förmlich Modesache geworden, die electrische Kraftübertragung und -vertheilung als Allheilmittel für die socialen Schäden unserer Zeit zu betrachten. Dabei wird, was sich technisch als durchführbar erwies, ohne weiteres als wirthschaftlich vortheilhaft angesehen und ausgegeben.

Allerdings können sich die Apostel namentlich der electrischen Kraftvertheilung auf einige prophetische Aeusserungen angesehener Autoritäten stützen. So wird eine Aussage von Dr. W. Siemens, der Dampf habe centralisirend gewirkt, die Electricität dagegen werde decentralisieren, immer wiederholt, und mehr als einmal begegnete mir in letzter Zeit in der Tagespresse der aus der »Electrotechn. Zeitschr.« 1893, S. 23, übernommene, wenn ich nicht irre, im Jahre 1890 geschriebene Satz von Prof. R. Thurston: »Die electrische Kraftvertheilung wird mit dem Fabrikwesen aufräumen und den zu Hause arbeitenden Mann noch einmal befähigen, mit dem Capital in gewissenlosen Händen auf gesunder Grundlage zu concurriren.« Auch Autoritäten können irren, und im vorliegenden Falle setzt die Entwickelung der Dinge in den letzten Jahren die genannten Autoritäten und mit ihnen alle Andern in's Unrecht, welche meinten, die Electricität werde sich in besonderem Maasse dem Kleingewerbe, dem kleinen Mann dienstbar erweisen. An späterer Stelle dieses Aufsatzes wird sich Gelegenheit bieten, eingehend auf diese Frage zurückzukommen.

Früher wurde die Notwendigkeit der Erbauung electrischer Centralen nur mit dem Verlangen nach electrischem Licht begründet; heute tritt dies fast in den Hintergrund, und der Hauptwerth wird jetzt auf die für das Kleingewerbe so nothwendige electrische Kraft gelegt, allerdings zumeist von Leuten, denen an Stelle der wirklichen Sachlage ein Phantasiegebilde vorschwebt. So erschienen im vergangenen Sommer in den Münchener Tagesblättern lange Artikel, in denen neben fortwährenden mehr oder minder scharfen Angriffen auf den Magistrat die Forderung nach electrischer Kraft stets so nachdrücklich erhoben wurde, dass man fast glauben musste, in München stehe dem Kleinbetrieb keinerlei Kraftmaschine zu Gebote, so dass er mit Schmerzen auf die Einführung des Electromotors warte.

Diesen Uebertreibungen gegenüber erscheint es wohl angebracht, darauf hinzuweisen, dass in allen Städten und sehr vielen grösseren Ortschaften des deutschen Reiches bereits eine Kraftcentrale besteht und grösstentheils auch in bedeutendem Maasse ausgenützt wird, und hervorzuheben, dass dieses System der Kraftversorgung jedem andern in wirthschaftlicher Beziehung voran- oder doch mindestens gleichsteht. Es ist dies die Gasanstalt mit ihrem Rohrnetz und den daran angeschlossenen Gasmotoren. Wenn auch allerdings in den Gasanstalten keine grossen Kraftmaschinen aufgestellt sind, deren Leistung durch irgend ein zur Fernleitung geeignetes Mittel an zahlreiche Secundär-

motoren vertheilt wird, so würde es »doch lediglich eine Wort-
fechterei sein, wollte man die Vertheilung des Gases als Brennstoff für Maschinen nicht auch als Kraftvertheilung gelten
lassen« (v. Oechelhäuser, die Steinkohlengasanstalten als
Licht-, Wärme- und Kraftcentralen).

Der Gasmotor hat im Laufe von kaum zwei Jahrzehnten
eine Verbreitung und eine Bedeutung erlangt, wie kein
anderer Kleinmotor. Da aber die Tagespresse und demzu-
folge das grosse Publicum über den »Wundern des gezähmten
Blitzes« den Fortschritten auf den anderen Gebieten der
Technik und besonders der Entwickelung des Gasfachs wenig
Beachtung schenkte, ist es erklärlich, dass in weiten Kreisen
vollständige Unkenntniss darüber herrscht, welch bedeutsamer
Factor die Kraftverteilung aus den Gasanstalten in Deutschland geworden ist. Auch in der Fachlitteratur vermisst man
eine eingehende Würdigung des Gasmotors nach der wirthschaftlichen Seite. Die wissenschaftliche Seite, die Theorie
des Gasmotors, ist durch die Arbeiten von Slaby, Brauer,
Köhler u. A. in Deutschland, Witz in Frankreich, Clerk,
Jenkin und Robinson in England hinreichend aufgeklärt.
Auch an Beiträgen zur Geschichte des Gasmotors, soweit von
einer solchen die Rede sein kann, ist kein Mangel. Die
constructive Ausbildung von Einzelheiten, wie Steuerung,
Regulirung, Zündung, ferner die Eigenschaften und Eigen-
thümlichkeiten des Gasmotors sind in sehr übersichtlicher
Weise von Lieckfeld besprochen, der auch practische Winke
für den Betrieb gegeben hat. Aber das ganze in den Betriebsberichten, Inventarien und Consumentenlisten der
Gasanstalten enthaltene höchst werthvolle statistische Material
über Gasmotoren ist bisher nicht zusammengestellt und verarbeitet worden. Dieses Material ist sehr wichtig, da die
sich daraus ergebenden Schlüsse mehrere weit verbreitete,
schon fast zu Axiomen gewordene Annahmen und Voraussetzungen über Kraftvertheilung als irrthümlich erkennen lassen,
und ferner, weil über andere Kleinmotoren so umfassende
Ziffern gar nicht erhältlich sind. Als einen Versuch, die
wirthschaftliche Bedeutung des Gasmotors klar-
zulegen, wolle man die nachstehenden Ausführungen auf-

fassen, die sich auf ein reichhaltiges Zahlenmaterial stützen, welches durch Versendung von Fragebogen an zahlreiche Gasanstaltsverwaltungen und Gasgesellschaften eingeholt wurde.

Die im September, October und November 1893 veranstaltete Umfrage beschränkte sich aus mehreren Gründen auf Deutschland; die daraus hergeleiteten Behauptungen treffen daher zunächst nur für deutsche Verhältnisse zu, doch soll schon hier bemerkt werden, dass die in Betriebsberichten veröffentlichten oder mir sonst zugänglichen Daten vom Ausland (Oesterreich, Russland, Schweden, Schweiz) von den deutschen Durchschnittsziffern nicht wesentlich verschieden sind. Während ein kleiner Theil der deutschen Gasanstalten die Anfrage unbeantwortet liess, theilten die meisten die gewünschten Ziffern mit, und in sehr dankenswerther Weise stellten mir viele Gasanstalts-Leiter sehr interessantes, reichhaltiges Material noch ausserdem zur Verfügung. Auf diese Weise kam eine Statistik der Gasmotoren zu Stande, die sich bis jetzt auf folgende deutsche Gasanstalten erstreckt: Aachen, Altenburg, Anclam, Annaberg, Apolda, Arnstadt, Aschersleben, Augsburg, Baden-Baden, Barmen, Bernburg, Bielefeld, Bingen, Bonn, Braunschweig, Bremen, Breslau, Bromberg, Buchholz, Malstatt-Burbach, Burg b. M., Calbe, Cannstatt, Celle, Charlottenburg, Chemnitz, Coethen, Colmar i. E., Cottbus, Crefeld, Crossen a. O., Danzig, Darmstadt, Dessau, Deutz, Döbeln, Döhlen-Potschappel, Dortmund, Dresden, Düsseldorf, Duisburg, Durlach, Eckernförde, Eisenach, Elberfeld, Erfurt, Eschwege, Essen, Eupen, Flensburg, Forst i. L., Frankfurt a. O., Freiberg i. S., Freiburg i. Br., Fürth, Fulda, Gardelegen, Gera, Giessen, M.-Gladbach, Glauchau, Schwäb.-Gmünd, Göppingen, Gotha, Greiz, Hagen i. W. (Dessauer Gasanstalt), Hainichen, Halberstadt, Halle a. S., Hamburg, Hameln, Hamm, Hannover, Heidelberg, Heilbronn, Hildesheim, Hirschberg, Hof, Insterburg, St. Johann, Itzehoe, Kaiserslautern, Karlsruhe, Kempen, Kempten, Kiel, Köln, Königsberg, Kreuznach, Landsberg, Leipzig, Leipzig-Lindenau, Liegnitz, Limbach, Luckenwalde, Ludwigsburg, Ludwigshafen a. Rh., Lüneburg, Magdeburg, Mainz, Mannheim, Marburg, Markirch, Meerane, Metz, Minden, Mittweida, Mühlhausen i. Th., Mülhausen i. E., Mülheim a. Rh, München, Münster, Naumburg, Neuruppin, Neusalz, Neustadt a. H., Neuwied, Nienburg, Nordhausen, Oelsnitz, Offenbach, Osnabrück, Peitz, Pforzheim, Pirmasens, Pirna, Plauen, Posen, Potsdam, Prenzlau, Pritzwalk, Quedlinburg, Regensburg, Remscheid, Rostock, Ruhrort, Schneeberg, Schönebeck a. E., Siegen, Solingen

Spandau, Stade, Stettin, Stralsund, Strassburg i. E., Stuttgart, Thorn,
Tilsit, Trier, Ulm, Viersen-Süchteln, Waltershausen, Wandsbek,
Wesel, Wiesbaden, Witten, Worms, Würzburg, Zeitz, Zweibrücken,
Zwickau i. S. — In dieser Reihe fehlen Altona, Berlin, Frankfurt a. M.,
Lübeck und einige andere wichtigere Plätze; da jedoch alle Gegenden
Deutschlands, gewerbethätige und industriearme Bezirke, grosse,
mittlere und kleine Städte in gleicher Weise vertreten sind, erscheint
es zulässig, die aus den statistischen Daten der genannten Gaswerke
zu ziehenden Schlüsse zu verallgemeinern und für die deutschen
Verhältnisse überhaupt als maassgebend zu betrachten.

Zahl und Verbreitung der Gasmotoren.

In ihrem letzten Betriebsjahr, welches bei vielen am 31. December 1892, bei vielen auch am 30. Juni 1893, bei den meisten
aber am 31. März oder 1. April 1893 schloss, versorgten die soeben
aufgezählten 162 deutschen Gasanstalten in einem Gebiet von
insgesammt 8 533 300 Einwohnern 9073 Gasmotoren von zusammen rund 30 520 HP. mit Kraft. Es kam demnach Ende
März 1893 auf je 940 Einwohner ein Gasmotor oder auf je
280 Personen eine Gasmotoren-HP. Durch die seither erfolgte
Zunahme der Zahl und Leistung der Gasmotoren haben diese
Ziffern sich ganz sicher auf 900 bezw. 260 verringert; und
da nach ungefährer Ermittelung rund zwei Fünfteln (20 Mil-
lionen) der Bevölkerung Deutschlands Leuchtgas zugänglich
ist, so ist demnach die Gesammtzahl der Gasmotoren
in Deutschland mit 22 000 Stück und ihre Gesammtleistung mit 80 000 HP. eher unter- als überschätzt. Setzt
man, da die mittlere Leistung etwas über 3 HP. liegt, die
Kosten der Anschaffung und Aufstellung eines Gasmotors
durchschnittlich auf nur 2000 M. fest, so sind allein von
Seiten der Kraftverbraucher heute schon 44 Mil-
lionen Mark in der Kraftversorgung deutscher Städte durch
Leuchtgas angelegt. Aus diesen Zahlen geht die wirthschaftliche Bedeutung des Gasmotors klar hervor.

Die Verbreitung der Gasmotoren ist natürlich nicht überall
gleich; sie entfernt sich jedoch in der Mehrzahl der genannten
Städte nicht sehr von der Durchschnittsziffer. Im Allgemeinen
kann gesagt werden, dass der Gasmotor in den grossen Städten
weit weniger verbreitet ist, als in den kleinen. Von
22 Städten mit mehr als 100 000 Einwohnern haben nur Barmen

Bremen, Chemnitz, Dresden, Hannover und Stuttgart mehr Gasmotoren, als der Durchschnittsziffer 940 entspricht. Es kommt
nämlich ein Motor auf 870 Einwohner in Bremen, auf 770 in Dresden, auf 700 in Chemnitz, auf 670 in Hannover, auf 600 in Stuttgart,
auf 500 in Barmen; dagegen hat Königsberg einen Gasmotor erst
auf 3600 Einwohner, Danzig auf 2700, Stralsund auf 2545, Breslau
und Posen auf 2400, Insterburg auf 2250, Halle und Stettin auf 1400,
Hamburg auf 1250, Aachen auf 1230 und Wiesbaden auf 1200.
Auffällig ist, dass da, wo Gesellschaften den Betrieb der
Gasanstalt in Händen haben, der Gasmotor meist stark
verbreitet ist; in Gotha kommt auf 625[1]), in Nordhausen auf 630[2]),
in Erfurt auf 730, in Luckenwalde auf 740, in Dessau auf 870 Einwohner ein Gasmotor (Anstalten der deutschen Continental-Gas-
Gesellschaft); ähnlich verhalten sich mehrere Anstalten der Thüringer
Gasgesellschaft. Am grössten ist die Verbreitung des Gasmotors
in Gardelegen (1 : 420), Hanau (1 : 380), Buchholz (1 : 363), Pforzheim
(1 : 350), Quedlinburg (1 : 346), Pirmasens (1 : 330), Cottbus (1 : 325),
Hildesheim (1 : 320), in Limbach und Döbeln (1 : 200). Von diesen
Anstalten gehören Buchholz, Döbeln, Gardelegen und Limbach der
Neuen Gas-Actien-Gesellschaft in Berlin. |

Oertliche gewerbliche Verhältnisse, das Vorhandensein
eines besonderen Industriezweiges, erklären die Verschieden-
heiten in der Verbreitung der Gasmotoren nur zum Theil. Es
kommt auch in Betracht, ob und seit wann das Kraftgas zu niedrigem Preise abgegeben wird, ob und in
welchem Maasse die Gasanstaltsdirectoren, die Vertreter der
Gasmotorenfabriken und die Gewerbevereine für die Verwendung des Motors thätig waren und ob andere Kleinmotoren concurriren konnten. Eine der wichtigsten Bedingungen, wenn auch nicht allein maassgebend, ist der
Kraftgaspreis; der Gasmotor wäre in Deutschland viel mehr
verbreitet, wenn das Beispiel der deutschen Continental-Gas-
Gesellschaft, welche schon im Jahre 1868 den Preis für Kraftgas um 15 bis 25 % ermässigte und später (April 1877) abermals, theilweise bis auf zwei Drittel des Normalpreises, herab-
setzte, allenthalben schnell Nachahmung gefunden hätte. In
vielen Städten wurde aber bis vor kurzer Zeit und wird sogar

---

[1]) Am Schluss d. Betriebsjahrs 1893 kam 1 Gasmotor auf 570 Einw.
[2]) » » » » 1893 » 1 » » 470 »

theilweise noch von einem Verminderung der Ueberschüsse be-
fürchtenden Stadtverordneten-Collegium jede Gaspreisermässi-
gung abgelehnt. Die Folgen dieses Verfahrens lässtdas von mir
gesammelte statistische Material in mehr als einer Beziehung
deutlich erkennen; dieselben werden im Laufe der nächsten
Jahre noch deutlicher hervortreten, als bisher, sofern nicht
die längst angestrebten Preisherabsetzungen gewährt werden.

Zunahme und Verbreitung der Gasmotoren.
Die Verbreitung der Gasmotoren nimmt in den letzten Jahren
stetig, wie es scheint, sogar in steigendem Maasse zu,
wenn auch allerdings nicht in demselben Verhältniss, wie die
Zahl der Gasmotoren-Fabriken und -Patente. Um davon ein
Bild zu schaffen, habe ich, soweit es möglich war, bei den-
jenigen Gasanstalten, die in ihrem letzten Betriebsjahr mehr
als 50 Motoren versorgten, die Zahl der letzteren in den
beiden vorhergegangenen Betriebsjahren ermittelt. Bei diesen
33 Gasanstalten, von denen die meisten sich in städtischer
Verwaltung befinden, stellte sich Zahl und Gesammtleistung
der Gasmotoren, wie folgt:

Betriebsjahr 1890 bezw. 1890/91: 3835 Motoren   mit 13483 HP.
Es kamen hinzu: 350 „ (=9,12%) „   1603 HP.
          (= 11,89%) im Mittel 4,58 HP.
Betriebsjahr 1891 bezw. 1891/92: 4185 Motoren   mit 15086 HP.
Es kamen hinzu: 406 „ (=9,70%) „   1851 HP.
          (= 12,26%) im Mittel 4,55 HP.
Betriebsjahr 1892 bezw. 1892/93: 4591 Motoren   mit 16937 HP.

Die Zunahme ist nicht überall gleich, entfernt sich jedoch in
den weitaus meisten Fällen weder nach oben noch nach unten weit
von der Durchschnittsziffer. Die bedeutendste Zunahme weist Hildesheim auf, wo im Betriebsjahr 1891/92 die Zahl der Gasmotoren um
beinahe 14% und im Betriebsjahr 1892/93 um 17,5% stieg. (In
Hildesheim kostet 1 cbm Kraftgas 12 Pf.). In den deutschen
Anstalten der deutschen Continental-Gas-Gesellschaft
stellte sich die Zunahme im Betriebsjahr 1892 auf über 10%, im
soeben abgeschlossenen Betriebsjahr 1893 auf über 15%, auf die
Leistung bezogen sogar auf 18,4%. (Der Kraftgaspreis in diesen
Anstalten schwankt zwischen 10 und 14 Pf.). Unter den bei vorstehender Ermittelung in Betracht gezogenen 33 Gasanstalten befinden sich mehrere, denen seit mehr oder minder langer Zeit durch

Electricität oder Druckluft Wettbewerb entstanden ist (Barmen, Darmstadt, Hamburg, Heilbronn, Köln, Offenbach, Stettin). Es verdient besondere Erwähnung, dass auch in diesen Städten die Zahl der Gasmotoren sich vermehrt hat, in Darmstadt, Hamburg, Köln und Offenbach sogar um mehr als 10% im letzten Betriebsjahr; dagegen erfahre ich von Eisenach, dass seit Fertigstellung der electrischen Centrale die Zahl der Gasmotoren sich nicht vermehrte. Nur in zwei von den 33 Städten hat keine Zunahme, sondern ein Rückgang stattgefunden, nämlich in Mannheim (von 123 auf 118) und in Fürth (von 85 auf 78 Stück). (In diesen beiden Städten kostet 1 cbm Kraftgas 18 Pf.)

Aus obiger Tabelle geht hervor, dass die Leistung der Motoren in höherem Maasse zunimmt, als ihre Zahl (11,89 bezw. 12,26% gegen 9,12 bezw. 9,70%). Die Durchschnittsleistung der neu hinzukommenden Motoren ist also grösser, als die der vorhandenen, mit andern Worten, es kommen immer grössere Gasmotoren in Betrieb. Dies lässt erkennen, dass sehr viele, vielleicht die Mehrzahl der neu hinzukommenden Motoren nicht dem Kleingewerbe dienen; es erscheint wichtig, dies hervorzuheben, weil es zeigt, dass diejenigen kleinen Gewerbetreibenden, welche Bedarf nach motorischer Kraft hatten, denselben bereits grösstentheils gedeckt haben und dass jetzt das mittlere und sogar das Grossgewerbe anfängt, sich des Gasmotors zu bedienen. Auf der andern Seite lehrt dieser Umstand, dass hohe Kraftgaspreise der Vermehrung der Gasmotoren hindernd im Wege stehen; wer einen 8 oder 12-pferdigen Motor braucht, wird nicht leicht einen Gasmotor wählen, wenn er für 1 cbm Gas 18 oder gar 20 Pf. bezahlen soll. Je grösser die Leistung, um so höher ist gewöhnlich die Beanspruchung (Betriebsstundenzahl) und um so leichter der Wettbewerb durch kleine Dampfmaschinen.

Mittlere Leistung. Aus der Gesammtleistung 30520 HP. dividirt durch die Gesammtzahl 9073 ergibt sich die Durchschnittsgrösse des deutschen Gasmotors zu 3,36 HP. Noch vor fünf Jahren betrug dieselbe unter 3 HP., in wenigen Jahren wird sie wohl 4 HP. betragen.

Im Einzelnen ist die Durchschnittsgrösse fast überall dieselbe; sie schwankt bei weitaus der Mehrzahl der genannten 162 Städte

zwischen 2,75 und 3,75 HP. Am grössten ist sie in Dessau (8 HP.)
und München (6,08 HP.), am kleinsten in Cottbus (1,50 HP.) und
Stade (1,44 HP.). Von letztern beiden Städten hat Stade überhaupt
nicht viele Motoren, in Cottbus befinden sich unter 107 Gasmotoren
69 kleine Pumpmotoren, die zusammen nur 39¼ HP. besitzen. Wo
die Durchschnittsziffer höher ist, als 4 HP., sind zumeist die zur
Erzeugung von electrischem Licht dienenden Motoren die Ursache.
Zieht man diese ab, so erhält man für Dessau 3,00 und für München
3,58 HP. als mittlere Leistung. Durch Abzug der Motoren für electrischen Lichtbetrieb geht die Durchschnittsgrösse überall zurück,
in Chemnitz von 3,75 auf 2,6, in Düsseldorf von 4,36 auf 3,02, in
Halle a. S. von 4,36 auf 2,56, in Leipzig von 4,05 auf 3,12, in
Magdeburg von 3,80 auf 2,90 HP. u. s. w. Ausser zur Erzeugung
electrischen Lichtes dienen auch bereits sehr zahlreiche grössere
Gasmotoren zum Betrieb von Pumpen in Wasserwerken, von Auf-
zügen in Lagerhäusern und Hotels und für andere, nicht gewerbliche
Zwecke. Nach Abzug dieser Motoren ergeben sich Ziffern, aus denen
die mittlere Leistung des deutschen Gewerbemotors
auf rund 2,5 HP. veranschlagt werden kann. Nach den Angaben
einer Reihe von Gasanstalten habe ich zusammengestellt, dass nahezu
25% aller Gasmotoren solche von 2 HP. sind, während über 16%
4 HP. und rund 10% 3 HP. leisten; 12,5% sind einpferdige Motoren.
Stark vertreten sind auch noch die Grössen von 6, 8 und 12 HP.,
auffallend gering die Motoren von 5 HP. (obgleich fast jede Gasmotorenfabrik solche baut) und die kleinen ¼-, ⅓- und ½-pferdigen
Motoren. An dieser Stelle mag noch bemerkt werden, dass nach
einer mir von der Gasmotorenfabrik Deutz gewordenen Mittheilung
etwa drei Viertel der von ihr gebauten Motoren unter 6 HP. liegender,
ein Viertel stehender Anordnung sind.

Verwendung des Gasmotors.

Die Frage, welchen Zwecken der Gasmotor dient, wäre am
schnellsten und einfachsten beantwortet durch Aufzählung derjenigen Zwecke, denen er bis heute noch nicht dienstbar gemacht
ist. Man kann sagen, dass fast überall, wo Kraftbedarf vorliegt,
der Gasmotor benützt werden kann. Nach den Mittheilungen
von 36 Gasanstalten (Annaberg, Arnstadt, Barmen, Braunschweig, Bromberg, Burg b. M., Celle, Chemnitz, Cottbus,
Danzig, Dresden, Düsseldorf, Durlach, Flensburg, Freiberg i. S.,
Freiburg i. Br., Giessen, Schwäb.-Gmünd, Greiz, Halle a. S.,
Hof, Kempen, Kreuznach, Landsberg, Leipzig, Meerane,

München, Münster i. W., Oelsnitz, Pirna, Prenzlau, Remscheid, Schönebeck, Stuttgart, Tilsit und Zwickau i. S.) ist die folgende Liste aufgestellt. Die von diesen Gasanstalten aus versorgten 2323 Gasmotoren vertheilen sich auf nachstehende Gewerbe bezw. Betriebszwecke:

*Buch- und Steindruckerei	334	Holzschneidereien	12
*Wasserpumpen	200	Conservenfabriken	12
Textilindustrie (Spinnmaschinen, Webstühle, Stick- u. Strickmaschinen, Seilerei u. dgl.)	183	*Mineralwasserfabriken	12
		Papierverarbeitung	12
		Spiegel- und Rahmenfabriken	9
*Electr. Lichtmaschinen	176	Kammfabriken	9
Mechanische Werkstätten, kleine Maschinenfabriken	124	*Gasanstalten	8
		Seifensiedereien	8
Schreinereien und Möbelfabriken	116	*Orgel- und Musikwerke	8
		Gebläse	6
*Metzger und Wurstler	115	Kistenfabriken	6
Schlossereien	97	Wagner und Stellmacher	6
*Kaffeebrennereien, Läden	72	Webstuhlbau	6
Messerschmiede, Schleifer, Feilenhauer u. dgl.	68	Sägenfabriken	6
		*Hopfengeschäfte	6
Drechsler	43	*Ventilatoren	5
*Aufzugsbetrieb	37	Galvanoplastik	5
*Brauereien	35	Stuhlmacher	5
*Bäckereien	31	Glasereien	5
*Mälzereien	24	Mühlen	5
*Farbmühlen	24	Gerbereien	5
Tabakverarbeitung	22	Töpfereien	5
*Pressen	21	*Medico-mechan. Institute	5
*Landwirthschaft	21	Kupferschmiede	4
Senffabriken	21	Jalousiefabriken	4
Gelbgiessereien	17	Chocoladenfabriken	4
Schuhfabriken	17	Sattlereien	4
Edelmetall-Verarbeitung	16	Buchbindereien	4
*Werkzeugfabriken	15	Strohhut-Nähereien	4
Laboratorien, Lehrzwecke	15	Fabrikation von photographisch. Papier	4
*Ausstellungszwecke	14	Glasschleifereien	4
Blechnereien	14	Oeilletsfabriken	4
Chatouillenfabriken	14	Schlittschuhfabriken	3
*Molkereien, Butterfabriken Schmalzsiedereien u. dgl.	13	Instrumentenmacher	3
		Laternenfabriken	3

Lampenfabriken	3	Patentstiftfabrik	1
Plattenschneider	3	Telegraphendrahtfabrik	1
Krautschneidereien	3	Bau von Heizapparaten	1
Hefenfabriken	3	Schrotfabrik	1
Riemendrehereien	3	Verzinnerei	1
Handschuhfabriken	3	Zinnwaarenfabrik	1
Wattenfabriken	3	Bleirohrfabrik	1
*Waschanstalten	3	Emaillir-Anstalt	1
Schriftgiessereien	2	Fabrikation künstl. Gebisse	1
Fahrradfabriken	2	Teppichreinigung	1
Kaffeemühlenfabriken	2	Sackfabrik	1
Graviranstalten	2	Nadler	1
Schmieden	2	Mühlenbau	1
Böttcherei	2	Orgelbau	1
Zimmerei	2	*Gasmesserfabrik	1
Wichsefabriken	2	Formstecherei	1
*Mörtelmaschinen	2	Fassdaubenfabrik	1
Leistenschneidereien	2	Spazierstockfabrik	1
Bürstenfabrik	2	Holzbildhauerei	1
*Plättereien	2	Waschmaschinenbau	1
*Bettfedern-Reinigung	2	Lackfabrik	1
Kleiderfabriken	2	Chemische Fabrik	1
Färbereien	2	Klebstoff-Fabrik	1
Appretur-Anstalten	2	Spritfabrik	1
Nicht näher bezeichnete Fabrik-betriebe	2	Destillation	1
		Fruchtsaftpresserei	1
Liniiranstalt	1	Brennerei	1
Luftpumpe	1	Wischtuchfabrik	1
*Leuchtgas - Compressor (für Strassenbahnbetrieb)	1	Wollzupferei	1
		Nähmaschinenbetrieb	1
Kassenschrankfabrik	1	Essigfabrik	1
Eisschrankfabrik	1	Bonbonfabrik	1
Gasmotorenfabrik	1	Biscuitfabrik	1
Kettenfabrik	1	*Getreidegeschäft	1
Spiralfedernfabrik	1	*Kunststeinfabrik	1
Federnfabrik	1	*Sandsteindreherei	1
Cottonmaschinenbau	1	Kryolithstampferei	1
Windenmacherei	1	Portefeuillefabrik	1
Maschinenmesserfabrik	1	*Darmhandlung	1
Hammer- und Ambossfabrik	1	*Kühlmaschine	1
Schlossfabrikation	1	Puppenfabrik	1
Brillenfabrik	1	Glasfabrik	1

Korkenfabrik	1	Kattundruckerei	1
Walzputzmaschine	1	*Festigkeitsproben	1
*Fassaich-Anstalt	1	*Thermalbad	1

Dies sind hundertundsiebzig verschiedene Gewerbe bezw. Betriebszwecke, denen der Gasmotor dienstbar gemacht ist. Die Liste, die sich nur auf den neunten Theil der Gasmotoren Deutschlands bezieht, kann natürlich keinen Anspruch auf Vollständigkeit erheben, um so weniger, da, wie man sieht, sehr viele Verwendungszwecke nur ein oder zwei Mal vertreten sind. Aus einer Aufstellung der Deutzer Gasmotorenfabrik ergeben sich noch folgende Betriebe: Knopffabriken, Pulverfabriken, Zuckerfabriken, Hutfabriken, Pinselfabriken, Parfumeriefabriken, Bleichereien, Gummiwaarenfabriken, Blattgoldfabriken, Eisfabriken, Tapetenfabriken, Gewehrfabriken, Cementfabriken, Porzellanfabriken, Oblatenfabriken, Gasbrennerfabriken, Uhrmachereien und Fahrzeugsbetrieb. Aus einem Prospect der Firma Gebr. Körting in Hannover geht hervor, dass der Gasmotor auch mehrfach zum Betrieb von Schiebebühnen auf Bahnhöfen dient. Sehr geeignet erscheint ferner der Gasmotorenbetrieb für die Centralen electrischer Strassenbahnen; in Deutschland hat er meines Wissens hiefür noch nicht Eingang gefunden, wohl aber mehrfach im Auslande. Allerdings wäre wohl zu erwägen, ob der Strassenbahnbetrieb sich nicht sparsamer und einfacher gestaltet, wenn man an Stelle eines grossen Gasmotors in einer Centrale entsprechend viele kleinere Motoren direct auf den Fahrzeugen aufstellt.[1] Da grosse Gasmotoren nicht in dem Maasse ökonomischer arbeiten, als kleine, wie dies z. B. bei Dampfmaschinen der Fall, würde wohl wegen der Verluste bei der zweimaligen Umformung und der Fernleitung der Energie bei electrischem Betrieb mehr Gas zur Fortbewegung eines Strassenbahnwagens ver-

---

[1] Solche Gasmotor Strassenbahnwagen sind nunmehr bereits mehrfach in den practischen Betrieb eingestellt worden, u. a. in Neuchatel, Dresden, Chicago, Croydon. Die Eröffnung der ausschliesslich mit Gasmotorwagen betriebenen Strassenbahn in Dessau steht nahe bevor.

braucht werden, als bei directem Gasmotorbetrieb. Vergl.
über dieses dem Gasmotor eben erst eröffnete, vielverheissende
Gebiet: v. Gostkowski, die Gasbahn (Journ. f. Gasbel. 1893,
S. 505) und A. Kemper, Ueber die Verwendung von Gasmotoren zum Strassenbahnbetrieb (Journ. f. Gasbel. 1893,
S. 650). Eine weitere neue Verwendung des Gasmotors ist
die zum Schiffsbetrieb. Ich erfahre, dass vor kurzem
(Mai 1894) ein mit einem 60pferdigen Delamare-Deboutte-
ville'schen Gasmotor ausgerüstetes Schraubenboot auf der
Seine von Paris nach Hâvre fuhr, wobei nur eine Fahrt-
unterbrechung behufs Aufnahme von Gas (aus der Leitung
unter einer Brücke) nothwendig wurde.

Es muss auffallen, dass in der obigen Zusammenstellung der Verwendungszwecke des Gasmotors die Bezeichnung »-fabrik« so häufig wiederkehrt. Es ist klar, dass es
bei einem Theil dieser »Fabriken« sich wirklich um gross-
industrielle Anlagen handelt, z. B. bei Zucker-, Pulver-,
Cementfabriken u. s. w. Bei der grossen Mehrzahl aber
scheint mir aus der gewählten Bezeichnung hervorzugehen,
dass mit Hilfe des Kleinmotors mancher Handwerker zum
»Fabrikanten« geworden ist, d. h. dass die Ausübung des
früher in seinem ganzen Umfang betriebenen Handwerks
nach und durch Anschaffung eines Gasmotors auf ein ganz
bestimmtes, eng begrenztes Gebiet beschränkt wurde. Ein
Schlosser z. B., der früher alle in sein Fach schlagenden
Arbeiten übernahm, schafft sich Arbeitsmaschinen und einen
Motor an und baut von da ab nur noch Kassenschränke. Es
ist nicht ganz zweifellos, ob man in einem solchen Falle
noch von »Kleingewerbe« reden kann; derartige Anwendungen
der Kleinmotoren sind, nach Ansicht betheiligter Kreise, mehr
geeignet, den Rückgang des wirklichen Handwerks zu be-
schleunigen, als ihn aufzuhalten.

Die relative Mehrheit der Gasmotoren dient, wie ersichtlich, den Zwecken des Buch- und Steindruckereigewerbes;
es sind 14,34 %. Beide Zweige gehören nicht zu dem durch
Wettbewerb des Grossbetriebs geschädigten und bedrängten
Kleingewerbe. Metzger und Wurstler und Bäcker rechne ich
ebenfalls nicht dahin. Alle derartigen Betriebe sind in obiger

Zusammenstellung durch ein Sternchen gekennzeichnet; dadurch ergibt sich, dass von den 2323 Motoren 1195, d. i. 51,5%, also mehr als die Hälfte, ganz sicher nicht dem Kleingewerbe dienen. Von der Hälfte der übrigen ist es, wie oben angedeutet, mindestens zweifelhaft, ob sie zur Besserung der socialen Zustände und der Lage des Kleinhandwerks irgendwie beitragen. Es zeigt sich also, dass die Mehrzahl der Theilnehmer an der weit ausgedehnten Kraftversorgung durch Leuchtgas ausserhalb der Kreise desjenigen Kleingewerbes zu suchen sind, welches nach weit verbreiteter Anschauung den dringendsten Kraftbedarf haben soll. Dieselbe Thatsache ergibt sich aus einer Aufstellung der Gasmotorenfabrik Deutz über die Betriebszwecke der von ihr in Deutschland abgesetzten 13 119 Gasmotoren. Davon arbeiten nämlich: In Buchdruckereien 2032 (15,4%), zur Erzeugung von electrischem Licht 1345 (10,2%), für Pumpenbetrieb 859, bei Metzgern und Wurstlern 570, in Kaffebrennereien und Colonialwaarengeschäften 426, in Brauereien und Mälzereien 351, in Gasanstalten 294, für Aufzugsbetrieb 256, für landwirthschaftliche Zwecke 228, bei Bäckern 205, in Lehranstalten 104, in Mineralwasserfabriken 95, zu Ventilationszwecken 89, endlich in Pulverfabriken, Zuckerfabriken, Gummifabriken, Waschanstalten, Hopfengeschäften, für Fahrzeugs- und Orgelbetrieb zusammen 192. Also auch hier dienen 7046 Motoren, rund 54% der Gesammtsumme, nicht dem Kleingewerbe. Mit Bestimmtheit kann auch vom Rest nur ein Theil dem Kleingewerbe zugewiesen werden. In einer Statistik der im Grossherzogthum Baden aufgestellten Gasmotoren (Bad. Gewerbeztg. 1892, S. 234) hat Meidinger nachgewiesen, dass in Baden der Gasmotor unter den verschiedensten Umständen gewerbliche Verwendung gefunden hat; »für das mittlere und Grossgewerbe jedoch mehr als für das Kleingewerbe. Das letztere nimmt höchstens ein Drittel aller vorhandenen Motoren in Anspruch.« Man wird nicht sagen können, dass in Baden die Verhältnisse wesentlich anders liegen, als im übrigen Deutschland, und ich stehe daher nicht an, den Satz als maassgebend zu betrachten für ganz Deutschland.

2

Noch mehr tritt die geringe Betheiligung des Kleingewerbes an der Leuchtgas-Kraftversorgung zu Tage, wenn
man nicht die Zahl, sondern die Leistung der darauf
entfallenden Gasmotoren in Betracht zieht. Die erwähnten
13 119 Deutzer Gasmotoren leisten zusammen 54 050 HP.; von
dieser Leistung kommen 32 250 HP., rund 60%, auf die
oben aufgezählten 7046 Motoren. Also drei Fünftel aller
durch Deutzer Gasmotoren in Deutschland geleisteten Pferdekräfte kommen ganz sicher nicht dem Kleingewerbe
zu Gute. Von dem Rest kann wieder nur ein Theil bestimmt
dieser Klasse von Kraftconsumenten zugewiesen werden; es
erscheint noch sehr günstig, wenn man annimmt, dass das
Kleingewerbe etwa ein Viertel aller an die Gasanstalten
als Kraftcentralen angeschlossenen Pferdekräfte beansprucht.
Von der thatsächlich vertheilten Kraft, dem Motorgase,
entfällt ein noch geringerer Theil, schätzungsweise
ein Fünftel, auf das Kleingewerbe, wie im folgenden Ab-
schnitt gezeigt werden wird.

Diese Feststellung, dass das Kleingewerbe an der Zahl
der Gasmotoren nur zu einem Drittel, an ihrer Leistung
nur zu einem Viertel und an der Beanspruchung der
Kraftcentrale nur zu einem Fünftel betheiligt ist, lässt die
Eingangs dieses Aufsatzes gekennzeichneten, gegenwärtig so
oft zu hörenden Behauptungen von der Notwendigkeit, im
Interesse des Kleingewerbes Kraftcentralen zu schaffen, in
eigenthümlichem Lichte erscheinen. Es ist doch kaum anzunehmen, dass bei einer andern Kraftverteilung als der
durch Leuchtgas wesentliche Verschiebungen hinsichtlich des
Characters der Consumenten eintreten würden; denn der Gasmotor entspricht in allen wesentlichen Punkten den An-
forderungen, die schon vor Jahren als maassgebend für die
Construction eines Kleingewerbe-Motors betrachtet wurden.
Das Kleingewerbe hatte daher nicht nöthig, unter Verschmäh-
ung des Gasmotors zu warten, bis ihm ein besserer Motor
zur Verfügung gestellt würde, und hat es auch gar nicht gethan. Wo das Bedürfnis nach motorischer Kraft lebendig
wurde, hat man es befriedigt, und zwar mit Erfolg. Zu einem
am 18. October 1893 auf der Jahresversammlung der American

Gas Light Association in Chicago gehaltenen Vortrag über
»Gasmaschinen in den Vereinigten Staaten«, sammelte Fred.
H. Shelton das Material durch Versendung eines Frage-
bogens, worauf auch die Frage vorkam: »Sind die Besitzer mit
den Motoren zufrieden?« 96 % der Antworten bejahten diese
Frage, vielfach mit Zusätzen wie »jederzeit«, »ganz bestimmt«,
»ausgezeichnet« u. s. w. (s. Progressive Age, 1893, S. 361).
Anderer Meinung war nur der Leiter »der besten electrischen
Centrale westlich vom Mississippi«. Wenn dies in Amerika,
dem »Lande der Electricität«, der Fall ist, dann muss es für
Deutschland noch viel mehr zutreffen. Ich habe ausführliche
Erhebungen darüber nicht angestellt; directe Erkundigungen
bei mehreren Gasmotorenbesitzern ergaben, dass der Gasmotor namentlich da ungemein günstig beurteilt wird, wo
früher eine kleine Dampfmaschine aufgestellt war. Ausserdem
finde ich in dem bei der sechsten Sitzung der Gewerbekammer
der Provinz Schleswig am 18. Februar 1891 vorgetragenen Bericht der Commission für die Motorenfrage die Stelle: »Die
Besitzer der Gasmotoren sind überall mit denselben
zufrieden; die Motoren leisten das, was von ihnen verlangt
wird.« Auch aus den sehr zahlreichen in Prospecten der
Gasmotorenfabriken veröffentlichten Zeugnissen geht hervor,
dass der Gasmotor in allen seinen zahlreichen Verwendungen
zur Zufriedenheit der Besitzer arbeitet.

Beanspruchung (Betriebsstundenzahl) der Gasmotoren.

Es ist schon fast zur Regel geworden, bei Berechnung
der Betriebskosten von Kleinmotoren und namentlich bei der
Projectirung und Rentabilitätsberechnung von Kraftcentralen
300 Arbeitstage zu 10 Stunden = 3000 Betriebsstunden für das Jahr zu rechnen. Die Consumentenlisten
der Gasanstalten, in welchen der Verbrauch jedes einzelnen
Gasmotors verzeichnet ist, liefern zur Prüfung dieser Voraussetzung das denkbar reichhaltigste Material.

Verschiedene Gasanstalten, z. B. Charlottenburg, Dortmund, Fürth, Spandau u. a. messen den Kraftgasverbrauch
nicht besonders. Doch haben mir mehr als 150 der Eingangs
aufgezählten deutschen Gasanstalten mitgetheilt, wieviel Kraft-

2*

gas sie im letzten Betriebsjahr lieferten; ein grosser Theil derselben gab ausserdem noch den Consum jedes einzelnen Motors unter näherer Bezeichnung des Betriebszwecks an. So konnte eine durchschnittliche Betriebsstundenzahl nicht nur für sämmtliche Motoren zusammen, sondern auch für bestimmte Betriebszwecke ermittelt werden. Ausserdem liess sich eine Zahl finden, welche die mittlere Beanspruchung der Gasmotoren in jeder einzelnen Stadt darstellt.

7712 Gasmotoren mit 26,145 HP. (im Mittel 3,39 HP.) verbrauchten im letzten Betriebsjahre 24 640 378 cbm Gas. Es entfällt also auf eine Pferdekraft im Jahre ein Verbrauch von 942 cbm; würde man die bekannte bequeme Rechnung: »pro Stundenpferd 1 cbm« anwenden, so ergäbe sich also für den Gasmotor in Deutschland eine durchschnittliche Beanspruchung von nur 942 Stunden im Jahre. Es entspricht aber den thatsächlichen Verhältnissen viel mehr, wenn man 0,900 cbm als den Verbrauch für eine Pferdekraftstunde zu Grunde legt. Directe Beobachtungen im Betriebe mehrerer Gasmotoren von 3 und 4 HP. und Mittheilungen seitens der Besitzer solcher Motoren veranlassten mich, diese Zahl als maassgebend zu betrachten. Man könnte dagegen geltend machen, dass durch die Fortschritte im Bau der Gasmotoren und angesichts der über 3 HP. betragenden Durchschnittsgrösse, sowie im Hinblick auf den Umstand, dass sehr viele Motoren nicht vollbelastet laufen, die Zahl 0,900 cbm noch zu gross erscheine. Ich weiss auch sehr wohl, dass neuerdings selbst kleine Gasmotoren von 3 und 4 HP. bei voller Beanspruchung mit weniger als 0,800 cbm auskommen, und kann mich mit der Praxis einzelner Fabriken, stets einen grösseren Motor zu empfehlen, als für den betr. Zweck erforderlich ist, nicht befreunden. (So sah ich kürzlich in einer Buchdruckerei einen zweipferdigen Motor aufgestellt, wo noch nicht die ganze Leistung eines einpferdigen beansprucht würde.) Ausserdem gestatten viele Gasanstalts-Verwaltungen (Deutsche Continental-Gas-Gesellschaft, Neue Gas-Actien-Gesellschaft u. a.) den Anschluss einer Leuchtflamme an die Speiseleitung des

Motors; zuweilen wird sogar der Verbrauch mehrerer derartiger Flammen von der Gasuhr des Motors mitgemessen.
Auf der andern Seite darf aber nicht ausser Acht bleiben,
dass sehr viele alte Motoren, zum Theil ganz veralteter Systeme, noch im Betrieb sind; ich sah mehrfach atmosphärische
Motoren der Deutzer Fabrik und vereinzelt Bishop'sche
Motoren Sombart'scher Bauart noch im regelmässigen Betriebe. Dass eine alte, ausgelaufene Maschine mehr als 0,900 cbm
pro Stundenpferd verbraucht, wird nicht bestritten werden;
dann gibt es auch Fabrikate zweiten Ranges, die von vornherein bei voller Leistung mehr als 1 cbm Gas pro Stundenpferd verbrauchen. Auch sind viele Motoren in Folge Vermehrung der angehängten Arbeitsmaschinen nicht nur stets
vollbelastet, sondern weit über ihre nominelle Leistung hinaus
beansprucht, verbrauchen also für die allein in Betracht ge-
zogene nominielle Leistung mehr als 0,900 cbm Gas. Endlich
ist auch die Zunahme der Motoren in Betracht zu ziehen.
Setzt man dieselbe, bezogen auf die Leistung der Motoren,
gleich 10% im Betriebsjahr, bei gleichmässiger Vertheilung
auf die einzelnen Monate, so erscheint die Gesammtleistung,
welche durch Division in die Kraftgasabgabe als Quotienten die
Betriebsstundenzahl ergibt, um 5% zu hoch angesetzt. Die
Annahme »0,900 cbm pro Stundenpferd« wird daher
nach beiden Seiten gerecht; da ausserdem noch die Quotienten
fast durchweg mehr oder minder nach oben abgerundet
wurden, glaube ich, dass die nachstehenden Betriebsstunden-
zahlen eher zu gross, als zu klein sind.

Aus dem Gesammtconsum 24 640 378 cbm, dividirt durch
26 145 HP $\times$ 0,900 cbm = 23 530, ergibt sich die durchschnittliche Beanspruchung des deutschen Gasmotors zu rund 1050 Betriebsstunden, bezogen auf
das Betriebsjahr 1892 bezw. 1892/93. Es mag sein, dass an
diesem auffallend geringen Ergebniss die allgemein ungünstige
Geschäftslage in dieser Periode Antheil hat. In der That
haben verschiedene Kraftgasconsumenten in früheren Jahren
einen höheren Verbrauch gehabt. Doch erscheint es schon
sehr günstig, für normale Verhältnisse eine durchschnittliche
Beanspruchung von 1200 Stunden jährlich anzunehmen.

Man wird also nicht fehl gehen, wenn man diese Zahl ins-
künftig den Betriebskosten- und Rentabilitäts-Berechnungen
zu Grunde legt.

Die Durchschnittsziffern der einzelnen Städte bezw. Gasanstalten
liegen zumeist der Gesammtdurchschnittszahl sehr nahe. Die Beanspruchung der Motoren beträgt 950 Stunden jährlich in Calbe a. S.
und Kiel, 960 in Stralsund, 985 in Danzig, 990 in Eisenach, 1000 in
Neuwied, Zeitz, Magdeburg und Neusalz, 1025 in Döbeln und Luckenwalde, 1030 in Düsseldorf, 1040 in Landsberg und Wiesbaden, 1060
in Flensburg und Kempen, 1070 in Schwäb.·Gmünd, Worms, Annaberg, Strassburg i. E., 1080 in Frankfurt a. O., 1090 in Duisburg
und Hannover, 1100 in Hamburg, Mülheim a. Rh., Mannheim und
Essen, 1115 in Trier und Heilbronn, 1130 in Crefeld, 1140 in Ruhrort, Hamm und Minden, 1150 in Freiberg i. S., Mühlhausen i. Th.,
Karlsruhe, Leipzig und Hainichen. Ueber 2000 Stunden ist die
durchschnittliche Betriebszeit nur in Malstatt-Burbach (Ursache:
Zwei Motoren im Wasserwerke sind oft Tag und Nacht in Betrieb),
in Tilsit (2285 Stunden; Ursache unbekannt; es sind dort 13 Motoren mit 58 HP., die alle gewerblichen Zwecken dienen) und in
Plauen i. V. (2000 Stunden. Ursache: 68 Motoren (von 102) dienen
zum Betrieb von Stickmaschinen). Bemerkenswerth sind noch M.-
Gladbach mit 1840, Barmen, Pirmasens (Schuhwarenfabrication) und
Limbach (Textilindustrie) mit 1800, Schneeberg und Halberstadt mit
1790, Crossen a. O. mit 1750, Elberfeld mit 1700, Prenzlau mit 1675,
Peitz und Witten mit 1630, Stade mit 1600 (2 Motoren in der Gas-
anstalt sehr stark beansprucht), Celle mit 1535, Aachen mit 1470,
Ludwigshafen a. Rh. mit 1460, Apolda und Kaiserslautern mit
1430 Betriebsstunden im Jahr. — Unter 800 Betriebsstunden,
also erheblich weniger als der Gesammtdurchschnitt, beträgt die
Beanspruchung in Itzehoe (770), Neustadt a. H. (775), Viersen-
Süchteln (750), Glauchau i. S. und Dessau (725), Bremen (710), Arn-
stadt, Eschwege und Gotha (700), Oelsnitz (670), Augsburg (640),
Siegen (630), Baden-Baden (600), Fulda (530), Cottbus (510, wohl in
Folge der erwähnten, zahlreichen kleinen Pumpmotoren), Garde-
legen und Forst i. L. (500), Anclam (450) und Mittweida (250).
Ausserdem seien noch genannt die Zahlen für Hildesheim (910),
Halle a. S. (1250), Remscheid (1330), Hanau (1340), München (850),
Mülhausen i. E. (800), Freiburg i. Br. (800), Köln (1230), Königs-
berg (850), Solingen (1200) und Stuttgart (1180).

Anfangs war ich geneigt, die unerwartet geringe Beanspruchung dem Einfluss der zur Erzeugung elek-

trischen Lichtes und für andere nicht gewerbliche Zwecke dienenden Gasmotoren zuzuschreiben.
Dann hätte aber an Orten, wo solche Motoren sich nicht
befinden, die durchschnittliche Betriebsstundenzahl sich höher
herausstellen müssen. In der Regel war jedoch das
Gegentheil der Fall. In Arnstadt, Aschersleben, Bernburg, Burg b. M., Fulda, Kempten, Marburg, Mühlhausen i. E.,
Neuruppin, Nordhausen, Siegen und einigen andern Städten
gibt es keine Gasmotoren für Dynamobetrieb, und doch ist in
diesen Städten die Beanspruchung unter dem Durchschnitt,
meist nur etwa 800 Stunden jährlich. Auf der andern Seite
zeigte sich, dass in der Regel da, wo Gasmotoren für
electrischen Lichtbetrieb sich befinden, die Betriebsstundenzahl höher ist, als dem Gesammtdurchschnitt entspricht, aber
sofort auf den letzteren zurückgeht, sobald jene Motoren
und ihr Gasverbrauch in Abzug gebracht werden.

Die Motoren, welche zum Betrieb von Dynamomaschinen
dienen, sind meist erheblich grösser, als die übrigen; die
mittlere Leistung der 1345 für diesen Zweck von der Deutzer
Fabrik gelieferten Motoren beträgt mehr als 10 HP. Ferner
laufen diese Motoren fast immer unter voller Belastung und
werden wegen der Empfindlichkeit des Betriebes gut im
Stand gehalten. Aus diesen Gründen berechne ich für dieselben einen Verbrauch nicht von 0,900, sondern von 0,750 cbm
pro Stundenpferd. Nun verbrauchten 328 in 49 deutschen
Städten aufgestellte Motoren für Lichtbetrieb bei einer
Leistung von insgesammt 3571 HP. im letzten Betriebsjahr
zusammen 3 206 922 cbm Gas. Dieselben waren also durchschnittlich beinahe 1200 Stunden in Betrieb gewesen. Selbst
wenn man einen Verbrauch von 0,900 cbm pro Stundenpferd
zu Grunde legte, ergäbe sich immer noch eine durchschnittliche Beanspruchung von rund 1000 Stunden. Die Ursache der
geringen allgemeinen Beanspruchung der Gasmotoren liegt also
nicht an den Betrieben für Erzeugung electrischen Lichtes.
Einige Beispiele für [die Art und Weise, wie diese Motoren
die Betriebsstundenzahl beeinflussen, mögen hier noch Platz
finden: In Bremen befinden sich 149 Motoren mit 548 HP.;
davon dienen 5 mit 33 HP. für electrischen Lichtbetrieb;

diese verbrauchten 39666 cbm Gas, während insgesammt 331923 cbm Kraftgas abgegeben wurden. Diese Motoren nehmen also an der Gesammtleistung mit 6,02 %, am Kraftgasconsum dagegen mit 11,9 % theil; für dieselben ergibt sich eine Beanspruchung von mehr als 1500 Stunden, während alle Motoren zusammen nur durchschnittlich 710 Betriebsstunden hatten. — Von 137 Gasmotoren mit 597,5 HP. in Düsseldorf dienen 6 mit 52 HP. (= 8,7 %) zur Erzeugung electrischen Lichtes; von der Kraftgasabgabe, insgesammt 523235 cbm, entfallen 70613 cbm (= 13,4 %) auf diese Motoren, die demnach durchschnittlich über 1700 Betriebsstunden hatten. Im Einzelnen hatte ein Motor von 2 HP. über 5000, ein Motor von 8 HP. rund 4000, ein Motor von 5 HP. über 3000, ein zweiter fünfpferdiger 1400, ein Motor von 16 HP. 1190 und ein zweiter derselben Grösse, der als Reserve dient, 8 Betriebsstunden im Jahre 1892/93. — In Mannheim sind 118 Motoren mit 428,5 HP. an das Gasrohrnetz angeschlossen, 11 derselben mit 68 HP(= 16 %) betreiben Dynamomaschinen. Auf diese 11 Motoren entfallen 32 % der Kraftgasabgabe, 129,116 cbm, woraus sich etwa 2380 Betriebsstunden ergeben. Alle Motoren zusammen haben rund 1100 Betriebsstunden; zieht man jedoch Zahl, Leistung und Verbrauch der für Lichtbetrieb dienenden Motoren ab, so ergibt sich für die übrigen eine Beanspruchung von im Mittel 840 Stunden. — In Ludwigshafen a. Rh. dienen von 38 Motoren mit 102 HP. zwei mit 16 HP. (= 15,7 %) zur Erzeugung electrischen Lichtes; von denselben wurden 40300 cbm Kraftgas verbraucht = 30 % der Gesammtabgabe. Die beiden Motoren waren also über 3300 Stunden im Betrieb. — Aehnlich sind die Verhältnisse in Cottbus, Chemnitz, Lüneburg, Itzehoe, Danzig, Wiesbaden, Meerane i. S., Hildesheim, Mühlhausen i. Th. (2 Motoren mit 20 HP. erzeugen electrisches Licht, verbrauchten 33300 cbm Gas, hatten also über 2000 Betriebsstunden), Halle a. S., St. Johann, Pirna, Strassburg i. E., Osnabrück, Minden, Posen (rund 2000 Betriebsstunden), Worms, Freiburg i. Br. (3000 Betriebsstunden), Magdeburg, Glauchau i. S. und Fürth. In allen diesen Städten haben die für Lichtbetrieb dienenden Motoren eine höhere Beanspruchung als 1050 Stunden jährlich, und zugleich eine höhere Beanspruchung, als die übrigen Motoren. In einigen Städten haben die Licht erzeugenden Motoren zwar weniger Betriebstunden, als der Orts-Durchschnittsziffer entspricht, aber doch mehr als 1050. Diese Städte sind: Elberfeld, Plauen i. V., Witten, Leipzig, Barmen, Köln und M.-Gladbach. Unter 1050 Betriebsstunden ist die Beanspruchung der Motoren für Lichtanlagen, zugleich aber auch der übrigen Motoren, in Bonn, Coethen, Altenburg, Neustadt a. H., Neuwied, Giessen, Colmar i. E., München, Augsburg, Oelsnitz, Potsdam, Braunschweig und Gera. Wesentlich weniger Betriebsstunden als die andern Motoren zeigen die für Lichtbetrieb dienenden nur in Karlsruhe, Aachen, Duisburg, Crefeld und Dessau.

3000 Betriebsstunden im Jahre werden also von den für Lichtbetrieb dienenden Gasmotoren nicht nur mehrfach erreicht, sondern zuweilen noch wesentlich überschritten. Die hohe Beanspruchung gerade dieser Motoren ist nach mehr als einer Hinsicht lehrreich. Man weiss, dass viele Electrotechniker bei Aufstellung von Rentabilitätsberechnungen der Regel folgen, jede angeschlossene Lampe brenne durchschnittlich 800 Stunden jährlich. Diese Regel ist von den Verhältnissen der Gasbeleuchtung abgeleitet, wo sie in vielen Fällen zutrifft. Electrische Centralen dürfen jedoch, wie aus den bis jetzt veröffentlichten Betriebsberichten hervorgeht, auf 800 Brennstunden nicht rechnen; aus dem mir zugänglichen Material habe ich ermittelt, dass für deutsche Verhältnisse nur etwa 550 Brennstunden vorausgesetzt werden dürfen[1]). Diese geringe Beanspruchung der electrischen Centralen hat zweifellos ihre Begründung darin, dass zahlreiche Consumenten, die täglich auf längere Zeit Licht bedürfen, z. B. Fabriken, Hotels, Restaurationen, Ladengeschäfte u. s. w., den Strom nicht aus der Centrale

---

[1]) Aus den Berichten mehrerer Electricitätswerke geht hervor, dass die durchschnittliche Brennstundenzahl sich von Jahr zu Jahr vermindert. Näheres hierüber in dem Buche: »Der electrische Strom als Licht- und Kraftquelle« von Baumeister Hartwig in Dresden. (Daselbst 1894, Selbstverlag des Verfassers).

beziehen, sondern ihn aus Sparsamkeitsrück-
sichten in kleinen Einzelanlagen selbst erzeugen, sei es mit Gas-, sei es mit Dampfbetrieb. Die
Gasdynamos, wie sie seit einigen Jahren von der Gasmotorenfabrik Deutz und Gebrüder Körting in Hannover
geliefert werden, schädigen die grossen Electricitätswerke
weit mehr, als die Gasanstalten. Von den letzteren beziehen
sie das Gas, wenn auch nicht so viel, als bei directer Gasbeleuchtung erforderlich wäre (vom Auerlicht abgesehen),
und vielfach zu billigerem Preise, den electrischen Centralen
dagegen entziehen sie gerade diejenigen Consumenten, die
zur Rentabilität am meisten beitragen würden. Das Electricitätswerk in Düsseldorf z. B. würde zweifellos mit viel
besserer Ausnützung arbeiten, wenn die von den oben erwähnten 5 Gasmotoren versorgten electrischen Lampen von
ihm den Strom bezögen; denn diese Lampen haben durchschnittlich über 2500 Jahresbrennstunden, die an die electrische Centrale angeschlossenen dagegen nur wenig über 400.
Diejenigen Fälle, in denen Gasmotoren in electrischen Licht-
betrieben 3000 und mehr Betriebsstunden jährlich haben,
erklären sich wohl dadurch, dass Accumulatoren mit den
Anlagen verbunden sind, so dass der Motor Tags über in
die Batterie, Abends und Nachts direct in das Leitungsnetz
arbeitet.

In der Liste über die Verwendungszwecke des Gasmotors
sind Buch- und Steindruckereien durch ein Sternchen bezeichnet, als Betriebe, die man nicht zum Kleingewerbe rechnen kann. Von 121 in Buch- und Steindruckereien
aufgestellten Motoren ist mir der Gasverbrauch bekannt geworden. Darnach ist die Beanspruchung auch dieser Motoren
grösser, als die durchschnittliche. Die Buchdruckereien in
Dessau hatten nämlich im Mittel 2080 Betriebsstunden jährlich, die 21 diesem Zweck in Düsseldorf dienenden Motoren
1800, in Frankfurt a. O. 1500, in Gotha 1240 Betriebsstunden.
Das Gesammtmittel ist rund 1200 Betriebsstunden; die
mir bekannt gewordenen Motoren schwanken in der
Grösse zwischen $1/2$ und 16 HP., die mittlere Leistung beträgt 3,55 HP.

Auch die in Bierbrauereien aufgestellten Gasmotoren sind, wie es scheint, wesentlich stärker beansprucht, als der Durchschnittsziffer 1050 entspricht. Aus dem mir vorliegenden Material ergibt sich nämlich eine durchschnittliche Betriebszeit von rund 1300 Stunden jährlich. Die Grösse der Motoren beträgt im Mittel 4,25 HP. und variirt zwischen 1 und 8 HP. Die höchste Beanspruchung zeigt ein Motor mit beinahe 3500 Betriebsstunden, die geringste einer mit 950 Stunden.

Die Gasmotoren für Aufzugsbetrieb, die also auch nicht dem Kleingewerbe dienen, leisten im Mittel etwas über 8 HP. (Grenzen: 2—16 HP.) und sind ebenfalls viel höher beansprucht, als 1050 Stunden. Die Betriebsstundenzahl derselben schwankt nämlich zwischen 3000 und 800 und beträgt im Mittel 1260.

Die Motoren in Kaffeebrennereien und ähnlichen Betrieben arbeiten durchschnittlich 1350 Stunden; obere Grenze: 3000, untere: 400. Leistung: $1/2$—8, im Mittel unter 2 HP.

Ueber Motoren für Pumpenbetrieb besitze ich zu wenig Material, um Angaben über die Beanspruchung machen zu können. Es scheint, dass da, wo die Anlagen zur Wasserversorgung dienen, die Beanspruchung sehr hoch ist (in einem Fall über 4000, in einem andern 2280 Stunden), dass dagegen die Abwasser-Entfernung eine sehr geringe Beanspruchung bedingt; wenigstens haben die diesem Zwecke dienenden, meist ziemlich grossen Motoren (in Dessau, Düsseldorf u. a. O.) verhältnissmässig wenig Gas verbraucht.

Die Motoren in den Gasanstalten haben in der Regel mehr als 1200 Betriebsstunden jährlich; in einzelnen Fällen werden über 5000 Stunden erreicht.

Da nun die sicher nicht dem Kleingewerbe dienenden Gasmotoren überwiegend eine höhere Beanspruchung zeigen, als der Durchschnittsziffer 1050 entspricht, so bleibt nur die Annahme übrig, dass die Motoren im Kleingewerbe im allgemeinen weniger als 1050 Jahres-Betriebsstunden erreichen, mithin in geringerem Grade am Kraftgasverbrauch betheiligt sind in Bezug auf ihre Leistung, als die übrigen Motoren. Die Betheiligung stellt sich, wie bereits an früherer Stelle hervorgehoben, auf etwa ¹/₅ der gesammten Kraftgasabgabe. Die Beanspruchung der klein-gewerblichen Motoren schwankt bei einzelnen Gewerben sehr auffällig. So gibt es Schlossereien, die ihren Gasmotor im ganzen Jahre nur 60 Stunden im Betrieb haben, andere, die ihn etwa 600 bis 800, und einzelne, die ihn über 4500 Stunden beanspruchen. Für Tischlereien habe ich 680 Betriebsstunden als durchschnittliche Beanspruchung ermittelt (obere Grenze: beinahe 1200, untere: 200 Betriebsstunden jährlich). Selbst Schleifereien, Holz- und Metalldrehereien und ähnliche Ge-werbe, bei denen man eine täglich 8—10 stündige Betriebszeit anzunehmen geneigt ist, zeigen nur in Ausnahmefällen mehr als die durchschnittliche Beanspruchung. (Es sind mir Drechsler-Werkstätten bekannt, in welchen für gewöhnlich mit Fussbetrieb gearbeitet wird und der Gasmotor nur bei besonders grossen und schwierigen Arbeitsstücken in Gang ge-setzt wird.) — Nur da, wo bestimmte Hausindustrieen gepflegt werden, z. B. Weberei, Stickerei, Tricotstrickerei u. dgl., zeigen auch die Kleingewerbe-Motoren eine höhere Beanspruchung. Eine Anzahl von Städten, wo dies der Fall, ist bereits genannt worden. Aber auch da trifft die oft benützte Voraussetzung »300 Arbeitstage zu 10 Stunden = 3000 Betriebsstunden im Jahr« nur ausnahmsweise zu; in der Regel werden nur 2400—2700 Betriebsstunden wirklich erreicht. Es gibt eben auch in diesen Betrieben noch Arbeiten, zu denen die Hilfe des Motors nicht herbeigezogen werden kann; daraus ergeben sich mehr oder minder lange Betriebspausen.

Der Kraftgaspreis.

Es ist bereits an früherer Stelle hervorgehoben worden, wie sehr der Preis ¦ des Kraftgases die Verbreitung der Gasmotoren beeinflusst. Im Laufe der letzten Jahre ist nun nicht nur allenthalben der Preis des Gases im All-gemeinen zurückgegangen, in Folge Vergrösserung und Ver-besserung der Anstalten, besserer Verwerthung der Neben-producte und Druck der Behörden, sondern es hat namentlich

der Preis des für motorische Zwecke verwendeten Gases
Ermässigungen erfahren. Noch vor wenigen Jahren war es
eine günstige Annahme, wenn man bei Vergleichungen
der Betriebskosten verschiedener Kleinmotoren einen Preis
von 16 Pf. für 1 cbm Kraftgas zu Grunde legte. Zahlreiche Electrotechniker rechnen heute noch mit diesem
Preise. Da aber in 119 von 155 deutschen Städten 1 cbm
Kraftgas 15 Pf. oder weniger kostet, so dürfte die Annahme
von 16 Pf. als Durchschnittspreis doch zu ungünstig sein.
Die Zahl der Städte, die einen bestimmten Preis erheben,
scheint mir übrigens weniger wichtig, als die Zahl der
Motoren, denen das Gas zu dem betreffenden Preise geliefert wird. Nun beträgt der Gaspreis:

8	Pf. in	5 Städten	mit	607	Gasmotoren	} $= 14,4\%$
10	» »	9 »	»	581	»	
11,7	» »	1 Stadt	»	241	»	
12	» »	32 Städten	»	2289	»	$= 27,8\%$
12,5	» »	1 Stadt	»	19	»	
12,8	» »	1 »	»	57	»	
13	» »	23 Städten	»	888	»	$= 10,8\%$
13$^{1}/_{3}$	» »	1 Stadt	»	16	»	
13,5	» »	5 Städten	»	143	»	
14	» »	19 »	»	514	»	$= 6,2\%$
14,4	» »	1 Stadt	»	33	»	
14,5	» »	1 »	»	19	»	
15	» »	20 Städten	»	1465	»	$= 17,8\%$
16	» »	15 »	»	342	»	
17	» »	4 »	»	118	»	
17,25	» »	1 Stadt	»	327	»	
18	» »	11 Städten	»	401	»	$= 4,8\%$
18,5	» »	1 Stadt	»	110	»	
20	» »	2 Städten	»	21	»	
21	» »	2 »	»	36	»	

Zusammen 155 Städte mit 8227 Gasmotoren.

Es beträgt also in 20% der Städte, aber für 27,8% der
Motoren der Gaspreis 12 Pf.; in rund 9% der Städte, aber
für 14,4% der Motoren ist der Gaspreis 8 bezw. 10 Pf.

Dagegen entfällt auf rund 10% der Städte, aber nur auf 4,1%
der Motoren ein Kraftgaspreis von 16 Pf., auf 7% der Städte,
aber nur 4,8% der Motoren ein solcher von 18 Pf. Hieraus
geht abermals hervor, dass die Verbreitung des Gasmotors da grösser ist, wo der Kraftgaspreis möglichst gering ist. Von den 8227 Motoren verbrauchen
4682 (= 57%) Gas zu 13 Pf. oder weniger, 2190 (= 26,6%)
Gas zu mehr als 13 bis einschliesslich 15 Pf. Somit kostet
für 6872 (= 83,5%) von 8227 Motoren das Gas 15 Pf. oder
weniger. Der durchschnittliche Kraftgaspreis ergibt sich aus obiger Tabelle durch Multiplication der einzelnen
Preise mit der zugehörigen Motorenzahl, Addition der Pro-
dukte und Division der Summe durch 8227 zu 13,25 Pf. pro
Cubikmeter. Daher betragen durchschnittlich in Deutschland die Auslagen für Gas 13,25 × 0,900 = 11,925 oder rund
12 Pf. pro Stunde und HP.

Bei der Ermittelung dieses Durchschnittspreises sind
allerdings nur 8227 Motoren in Betracht gezogen, etwas mehr
als ein Drittel der Gesammtzahl. Es trifft zu, dass von
dem Rest der Motoren eine grosse Zahl in kleinen Städten
aufgestellt sind, wo der Preis des Kraftgases noch hoch
gehalten wird; es fehlen aber in der Zusammenstellung auch
zahlreiche Städte mit vielen Gasmotoren und niedrigem
Preis, z. B. Berlin mit 1500 Motoren und einem Kraftgaspreis von 12,8 Pf., ferner Frankfurt a. M., Essen, Crefeld,
Solingen, Stuttgart, Altona u. a. Ausserdem ist bei der Berechnung ausser Acht gelassen, dass sehr vielfach auf die
Preise noch Rabatte gewährt werden. Dadurch wird zweifellos die Verallgemeinerung des Durchschnittspreises 13,25 Pf.
pro cbm gerechtfertigt.

Nach den bestehenden Rabattbedingungen erreichen
angesichts der geringen Beanspruchung der Motoren allerdings nur wenige Kraftgas-Consumenten einen Rabatt, am
ehesten noch die Buchdrucker, Mechaniker, Gelbgiesser und
Drechsler, wegen der höheren Durchschnittsleistung auch
die Motoren für Aufzugsbetrieb. Die für Erzeugung electrischen Lichtes dienenden Gasmotoren würden ebenfalls
die Rabattgrenzen überschreiten; für dieselben gelten jedoch

an zahlreichen Orten, z. B. Bremen, Halle a. S., Altenburg, Kiel, Elberfeld, Köln, überhaupt keine ermässigten Preise, sondern es muss für ihren Verbrauch derselbe Preis bezahlt werden, wie für Leuchtgas, in Bremen 20 Pf., in Halle a. S. 18 Pf., in Altenburg 16 Pf., Kiel 15 Pf., Elberfeld 16 Pf., Köln 15 Pf. Diese Motoren sind in obiger Tabelle unter diesen Preisen eingerechnet, wodurch die Zahl der Motoren, für welche hohe Preise gelten, vergrössert wurde. — Auf die Frage, ob und wesshalb eine Ausnahmestellung für die electrisches Licht erzeugenden Gasmotoren berechtigt ist, komme ich später zurück.

Der niedrigste in Deutschland geltende Kraftgaspreis ist wohl 7 Pf. pro cbm (Stadt im westfälischen Kohlenbezirk), der höchste mir bekannt gewordene 37,35 Pf. (Stadt in den bayerischen Alpen). Die grossen Unterschiede erklären sich zum Theil durch die geographische Lage, die Verkehrsmittel, Preise der Rohstoffe und Nebenproducte, Lohnverhältnisse und die Grösse (Jahresproduction) der Gasanstalten. Ausserdem scheint aber auch der Umstand beeinflussend, ob die Anstalt privates oder städtisches Eigenthum ist. So gilt z. B. in allen deutschen Anstalten der deutschen Continental-Gas-Gesellschaft ein unter dem Durchschnitt 13,25 Pf. liegender Kraftgaspreis; in den meisten Anstalten der Neuen Gas-Actiengesellschaften kostet 1 cbm Kraftgas unter 15 Pf., obwohl es sich dabei vielfach um kleine Anstalten handelt. Dagegen erheben weit grössere städtische Gasanstalten, wie Leipzig[1]), Hamburg, Lübeck, u. a., 15 Pf. pro cbm, und die noch höheren Preise gelten fast ausnahmslos nur da, wo die Gasanstalt Eigenthum der Stadt ist und hohe Ueberschüsse zur Deckung der Kosten anderer städtischer Unternehmungen ergeben muss.

Kosten der Anschaffung des Motors.

In dem von hervorragenden Electrotechnikern allerdings nicht günstig beurtheilten Buche »Die Electromotoren« von Dr. M. Krieg (Leipzig 1891, Leiner) heisst es S. 185: »Ein Electromotor von 1 HP. kostet M. 400, ein Gasmotor derselben Grösse M. 2000«. Dieses Verhältniss ohne Weiteres verallgemeinernd behauptete der ungenannte Verfasser eines in

---

[1]) Allerdings für Gas von besonders hohem Heiz- und Leuchtwerth.

verschiedenen deutschen Tageszeitungen abgedruckten Aufsatzes über die Vortheile des electrischen Betriebs für das
Kleingewerbe, der Gasmotor sei fünf Mal so theuer,
als der Electromotor. Hierin liegt eine sehr starke
und — was noch schlimmer ist — wissentliche Ueber-
treibung vor. Es ist durchaus unzulässig, wenn Herr
Dr. Krieg den allertheuersten Gasmotor (das liegende
Modell A der Deutzer Fabrik) mit dem allerbilligsten Electromotor vergleicht und dabei beim Gasmotor die Kosten
für Verpackung, Fracht, Montage, Anschluss an die Leitung,
kurz alle Kosten mitrechnet, beim Electromotor aber vollständig ausser acht lässt. Selbst wenn ein liegender Deutzer
Gasmotor, Modell A, von 1 HP., in Betracht gezogen wird,
können die Anschaffungskosten nur in ganz ungünstigen
Fällen M. 2000 betragen, denn der Motor an sich kostet
M. 1500. Unter gewöhnlichen Umständen kann für M. 2000
ein zweipferdiger Deutzer Motor, liegendes Modell EV,
betriebsfertig aufgestellt werden, und wenn, was angesichts
früherer Mittheilung wohl zulässig erscheint, Motoren stehender Anordnung angenommen werden, so ist für M. 2000
ein dreipferdiger Gasmotor zu beschaffen, denn ein Motor
dieser Grösse kostet M. 1600 (Gebr. Körting). Die Berücksichtigung der Motoren stehender Anordnung erscheint deshalb geboten, weil etwa ein Viertel der Deutzer Motoren
unter 6 HP. und zahlreiche, weit verbreitete Concurrenz-
fabrikate (Gebr. Körting, Maschinenbau-Gesellschaft München
[System Adam], Grusonwerk [Syst. Sombart]) ausschliesslich
dieser Bauart sind oder doch Jahre lang waren. Danach
ist es ziemlich leicht, für etwa M. 1300 einen Gasmotor von
1 HP. zu beschaffen und betriebsfertig aufzustellen; dagegen
erscheint es sehr zweifelhaft, ob es gelingen wird, für M. 400
einen Electromotor von gleicher Leistung zu beschaffen. Nach
den mir vorliegenden Preislisten beträgt nämlich nur in zwei
Fällen der Fabrikpreis eines einpferdigen Motors etwas unter
M. 400; eine dritte Fabrik, die ebenfalls so billig lieferte, ist
inzwischen in Concurs gerathen. Der einpferdige Electromotor
kostet dagegen M. 540 (Deutsche Electricitätswerke zu Aachen)
M. 425 (Schuckert & Co., Nürnberg), M. 450 (Allgemeine

Electricitätsgesellschaft, Berlin, Modell S), M. 450 (Fabrik
für Electrotechnik und Maschinenbau in Bamberg), M. 600
(Fritsche & Pischon, Berlin). In diesen Preisen ist jedoch
der erforderliche Anlasswiderstand nicht inbegriffen;
derselbe kostet zwischen M. 25 und 200, meist M. 50, 55
oder 60. Rechnet man hiezu noch Verpackung, Fracht,
Aufstellung und Anschluss an die Leitung, von der Riemen-
spannvorrichtung ganz abgesehen, so wird man in den
meisten Fällen auf einen Gesammtbetrag von M. 650 kommen.
Demnach wäre es richtig, zu sagen, dass der Gasmotor
doppelt so viel koste, als der Electromotor. Legt
man jedoch, um ganz gerecht zu sein, der Vergleichung nicht
nur den einpferdigen, sondern den, wie schon hervorgehoben,
viel mehr verbreiteten zwei- und vierpferdigen Motor
zu Grunde, so verschiebt sich das Verhältniss noch ent-
schiedener zu Gunsten des Gasmotors. Der zweipferdige
Deutzer Motor, Modell DV, kostet complet ab Fabrik einschliesslich Verpackung M. 1420, der 4pferdige desselben
Modells M. 2130 (Ankerschrauben inbegriffen). Diese Zahlen
dürften als Mittelwerthe gelten, da viel billigere Gasmotoren
dieser Grössen sich auf dem Markt befinden. Dagegen kostet
der zweipferdige Electromotor, Modell NS, der Allgemeinen
Electricitätsgesellschaft M. 725, der Anlasswiderstand dazu
M. 50; und der vierpferdige Motor, Modell S, derselben
Firma mit Anlasswiderstand M. 1135.

Das Verhältniss zwischen Gasmotor und Electromotor
ist also in den Anschaffungskosten dem letzteren nicht so
günstig, wie vielfach angenommen wird, aber für den Gasmotor immerhin noch ungünstig genug. Jeder Gasfachmann
wird gerne anerkennen, dass im Laufe der letzten zehn
Jahre die Preise der Gasmotoren wesentlich ermässigt wurden,
wird aber ebenso einräumen müssen, dass die hohen Anschaffungskosten manchen Gewerbetreibenden von der Einführung eines Gasmotors abhalten. Die geringe Beanspruchung der Motoren spielt hier wesentlich mit. Es ist
durchaus nicht Rücksicht auf die Einnahmen der Gasanstalten,
wenn ich den Satz niederschreibe, dass die Bemühungen der
Gasmotoren-Constructeure etwas zu einseitig auf Verbilligung

3

des Betriebs durch **Verringerung des Gasverbrauchs**, anstatt auf **Herabminderung der Fabrikpreise** der Motoren gerichtet sind. Dem Abnehmer des Motors ist es zuletzt einerlei, ob die Pferdekraftstunde 0,862 oder 0,851 cbm Gas erfordert; nicht so belanglos ist es aber, ob der Motor M. 1600 oder nur 1000 kostet. Und bei 1200 Betriebsstunden im Jahr ist ein Gasmotor von 1 HP., der M. 600 kostet und in der Stunde 1,2 cbm Gas verbraucht, immer noch billiger im Betrieb, als einer für M. 1200, der mit 0,9 cbm auskommt. Die Verbilligung des Gasmotorenbetriebs ist meines Erachtens Sache der Gasanstaltsverwaltungen, durch **Herabsetzung des Kraftgaspreises.** Hauptaufgabe für Gasmotoren-Fabriken und -Erfinder ist es dagegen, eine **möglichst billige, dabei einfache und zuverlässige** Maschine auf den Markt zu bringen. Es kann nicht un- möglich sein, einen guten, dauerhaften Gasmotor zu schaffen, der in der Grösse von 1 HP. etwa 600—700, 2 HP. etwa 800—1000, 3 HP. etwa 1200, 4 HP. etwa 1500 M. kostet u. s. w.

Nach den jetzigen Preisverhältnissen und unter gewöhn- lichen Umständen dürfen etwa folgende Summen als An- schaffungskosten (für betriebsfähige Aufstellung) der Gas- motoren gelten: $^1/_4$ HP. M. 800, $^1/_3$ HP. M. 870, $^1/_2$ HP. M. 1000, $^2/_3$ HP. M. 1150, 1 HP. M. 1300, 2 HP. M. 1700, 3 HP. M. 2000, 4 HP. M. 2350, 5 HP. M. 2700, 6 HP. M. 3000. Dieser Aufstellung sind zunächst die Preislisten von 12 bekannten, Gasmotoren bauenden Firmen und so- dann Mittheilungen zahlreicher Gasmotoren-Besitzer über die wirklichen Kosten der Aufstellung der Motoren, des An- schlusses an Gas- und Wasserleitung[1]), des Fundaments, der Auspuffleitung u. s. w., zu Grunde gelegt.

Die Betriebskosten der Gasmotoren.

Unter Berücksichtigung der vorgängigen Ermittelungen über Anschaffungspreis, Kraftgaspreis und Beanspruchung soll

---

[1]) Die Mittheilungen stammen aus Städten, wo keine Erleich- terung des Anschlusses gewährt wird. Viele, namentlich die privaten Gasanstalts-Verwaltungen führen aber die Zuleitungen unentgeltlich aus oder gegen blosse Bezahlung des Materialwerths.

nun ein Mittelwerth für die Betriebskosten berechnet werden. Die Beanspruchung des deutschen Gasmotors stellt sich, wie gezeigt worden, auf durchschnittlich 1050 Stunden jährlich; doch nehme ich hier 1200 Stunden an, mit Rücksicht auf die ungünstige Geschäftslage der beiden letzten Jahre.

Die Betriebskosten setzen sich aus directen und indirecten zusammen; unter ersteren spielen die für das Kraftgas natürlich die Hauptrolle, daneben kommen die Auslagen für das Kühlwasser, für Schmieröl, Schmierfett und Putzwolle in Betracht. Kühlwasser wird allerdings in vielen Fällen nicht verbraucht; Verzinsung, Amortisation und Platzmiethe für die dann erforderlichen Kühlgefässe dürften jedoch ungefähr denselben Betrag ausmachen, als die directe Kühlung durch Leitungswasser. Unter die indirecten Betriebskosten fallen Verzinsung und Amortisation des Anlagekapitals, Reparaturen, Reinigung, Wartung, Platzmiethe und Versicherung.

Ueber alle diese Kosten habe ich mir von einer Anzahl genau buchführender Gasmotorenbesitzer, (Motoren von 1, 2, 3 und 4 HP.) Mittheilungen erbeten, die denn auch in dankenswerther Weise zur Verfügung gestellt wurden. Aus denselben gehen folgende Mittelwerthe hervor: Für eine Pferdekraft sind stündlich 75 l[1]) Kühlwasser erforderlich. Für Cylinderöl, Schmieröl oder -Fett für die Lager der Schwungradwelle und für Putzwolle zusammen entfällt auf die Pferdekraftstunde ein Betrag von rund 1,25 Pf. Da das Kühlwasser in den meisten Städten mit 10 Pf. pro cbm berechnet wird, betragen dessen Kosten pro Pferdekraftstunde 0,75 Pf. Wir haben also an directen Betriebskosten für den Gasmotor der Durchschnittsgrösse im Mittel 12 Pf. für Gas, 1,25 Pf. für Schmierung, 0,75 Pf. für Kühlung, zusammen 14 Pf. pro Pferdekraftstunde. Bezüglich der indirecten Betriebskosten möchte ich bemerken, dass die wenigsten Gasmotorenbesitzer Beträge für Verzinsung und

---

[1]) 40 l würden vollauf genügen; die Motorenbesitzer lassen in der Regel das Kühlwasser mit 30° R. ablaufen, während 60—70° viel zweckmässiger wäre.

Amortisation in Anrechnung bringen. Die Leute verfahren zumeist so, dass sie die durch den Motor herbeigeführten Betriebsersparnisse zusammenrechnen und daraus ermitteln, binnen welcher Zeit der Motor sich bezahlt macht. Ein Bauschlosser z. B., der viel Bohrarbeiten hatte, hielt sich für den Betrieb der Bohrmaschine einen Taglöhner, dem er M. 2,70 bezahlte; wegen verschiedener Unzuträglichkeiten kaufte er sich aus zweiter Hand einen Gasmotor von 1 HP. und fand heraus, dass derselbe für Gas, Wasser und Schmieröl M. 1,10 tägliche Auslagen verursachte. Da die Anschaffungs-kosten sich auf nicht ganz M. 1000 beliefen, so rechnete der Besitzer, dass der Motor in drei Jahren sich vollständig be-zahlt gemacht habe, setzte also weder Zinsen noch Ab-schreibung für denselben an. Dieses Verfahren wird Manchen nicht einwandfrei erscheinen; schon um eine gemeinsame Unterlage für die Vergleichung mit anderen Motoren zu gewinnen, setze ich daher folgende Daten fest: Für Ver-zinsung der Anschaffungskosten 4%; für Amortisation 5%; für Reparatur und Wartung 1%, also zusammen für indirecte Betriebskosten 10% der Anschaffungskosten.

Für Amortisation hat allerdings Lieckfeld als Regel 10% vorgeschlagen; da aber eine grosse Zahl namentlich Deutzer Motoren schon mehr als 15 Jahre im Betrieb sind, ohne so abgenützt zu sein, dass man ihnen nicht noch ganz wohl weitere 10 Betriebsjahre zutrauen dürfte[1]), und angesichts der geringen mittleren Beanspruchung der Gasmotoren über-haupt, halte ich 5% für nicht zu gering. Diesen Betrag setzte auch Korte (Z. d. V. d. J. 1891, S. 39) ein, auffälliger Weise ebenso für 3000-, wie für 1500-stündigen Jahresbetrieb. Für Reparaturen werden gewöhnlich 2% vom Fabrikpreis des

---

[1]) In einem am 5. Mai 1894 vor der North of England Gas Managers Association gehaltenen Vortrag berichtete Mr. H. Lees von Hexham über einen in der Gasanstalt Hexham aufgestellten zweipferdigen Gasmotor, der seit 10 Jahren Tag und Nacht nur mit ganz kurzen Unterbrechungen in Betrieb ist, was bei täglich acht stündiger Benutzung einer Dauer von bereits 30 Jahren entspricht. Trotz der sehr hohen Beanspruchung hatte dieser Motor nur durch schnittlich 50 M. Reparaturkosten im Jahre verursacht.

Motors in Ansatz gebracht; dabei ist aber gewöhnlich an 3000 Jahresbetriebsstunden gedacht. Nun theilte mir jedoch der Besitzer eines dreipferdigen Magdeburger Gasmotors mit, dass er in den drei Jahren seit Anschaffung desselben gar keine Reparaturen hatte; dabei wurde dieser Motor noch nicht sehr sorgfältig behandelt. Zeugnisse über fünfjährigen Betrieb ohne Reparaturen sind in den Prospecten mehrerer Gasmotorenfabriken zu finden. Deshalb scheint mir der Ansatz: 1% der gesammten Anschaffungskosten für Reparatur und Wartung ausreichend, für Wartung deshalb, weil dieselbe in fast allen Fällen von Leuten nebenher besorgt wird, die dafür nicht extra bezahlt werden.

Für die am meisten benützten Grössen des Gasmotors betragen also sämmtliche Betriebskosten bei 1200 Stunden Beanspruchung:

1 HP. = 10% von M. 1300 = M. 130, + (1200 × 14 Pf.)
$\qquad$ = M. 168, zusammen 298, rund M. 300.

2 HP. = 10% von M. 1700 = M. 170, + (1200 × 28 Pf.)
$\qquad$ = M. 336, zusammen M. 506.

3 HP. = 10% von M. 2000 = M. 200, + (1200 × 42 Pf.)
$\qquad$ = M. 504, zusammen M. 704, rund M. 700.

4 HP. = 10% von M. 2350 = M. 235, + (1200 × 56 Pf.)
$\qquad$ = M. 672, zusammen 907, rund M. 900.

Mithin pro Pferdekraftstunde:

$$1 \text{ HP.} = \frac{300}{1200} \quad 25{,}0 \text{ Pf.}$$

$$2 \text{ HP.} = \frac{506}{2 \times 1200} \quad 21{,}0 \text{ Pf.}$$

$$3 \text{ HP.} = \frac{700}{3 \times 1200} \quad 19{,}4 \text{ Pf.}$$

$$4 \text{ HP.} = \frac{900}{4 \times 1200} \quad 18{,}8 \text{ Pf.}$$

Concurrirende Kraftvertheilungs-Systeme und Motoren.

Nachdem nunmehr die wichtigsten wirthschaftlichen Gesichtspunkte der Leuchtgas-Kraftversorgung behandelt sind, erübrigt eine Vergleichung derselben mit den Verhältnissen bei anderen Kraftvertheilungs-Systemen. Es kommen zunächst in Betracht: Druckwasser, verdünnte Luft und verdichtete oder Druckluft.

Druckwasser wurde zum Betrieb kleiner Motoren zu einer Zeit schon verwendet, als man in weiten Kreisen vom Gasmotor noch nicht viel wusste. Es ist ein sehr angenehmes Betriebsmittel, die Motoren sind sehr einfach, klein, handlich, schnell in und ausser Betrieb, erfordern keine Bedienung, verbreiten keine lästige Wärme, gehen geräuschlos und verbrauchen wenig Schmiermaterial. Sie sind ausserdem noch in der Anschaffung sehr billig und können überall aufgestellt werden. Aber trotz dieser ganz hervorragenden Eigenschaften, die nur der Drehstrom-Electromotor (»das Ideal eines Motors«) ebenfalls aufweisen kann, finden sich in ganz Deutschland nur sehr wenige Druckwassermotoren in Betrieb, obwohl fast in jeder Stadt das nöthige Druckwasser vorhanden ist. Meine Erfahrung beschränkt sich auf drei (Schmid'sche) Wassermotoren, von denen einer in einer pyrotechnischen Werkstatt, der zweite in einer Bierbrauerei, der dritte in einem Aussteuer-Geschäft (zum Reinigen von Bettfedern) aufgestellt ist. In einigen schweizerischen Städten mit Hochquellen-Wasserleitung sind die Motoren stärker verbreitet; es wird mitgetheilt, dass in Zürich einzelne Wassermotoren schon seit zwanzig Jahren ohne nennenswerthe Reparaturen in Betrieb sind. In den deutschen Städten ist das Leitungswasser im Verhältniss zu seinem Druck so theuer, dass der Betrieb von Wassermotoren wirthschaftlich nicht möglich ist; eine Herabsetzung des Wasserpreises auf ein gegen Gasbetrieb concurrenzfähiges Maass ist unmöglich. Ausserdem sind in den meisten Städten die Kraftmaschinen der Wasserwerke gar nicht ausreichend, um dem Bedürfniss nach motorischer Kraft genügen zu können; in Karlsruhe z. B. verfügt das Wasserwerk im Ganzen nur über rund 300 HP. Betriebskraft, während an die Gasanstalt 375 HP. angeschlossen sind. Im Sommer sind die Wasserwerke für Lieferung von Gebrauchswasser so stark beansprucht, dass eine Abgabe von Wasser für motorische Zwecke unmöglich wäre. Nun ist allerdings vorgeschlagen worden, besondere Wasserwerke zu bauen, welche nicht Trinkwasser, sondern Nutzwasser, in erster Linie für

Kraftversorgung, dann zur Strassensprengung, Gartenbewässe-
rung, Feuerlöschzwecke u. s. w., unter hohem Druck zu
liefern hätten. Eine Druckwassercentrale nach diesem Vor-
schlag ist in London zur Ausführung gekommen[1]); trotz der
Grösse der Anlage, der günstigen Lage des Werkes und der
dichten Bevölkerung des Versorgungsgebietes sind aber die
Betriebskosten pro Pferdekraftstunde so hoch, dass ein Wettbewerb mit Gasbetrieb nicht möglich erscheint. In Deutschland wird z. Z. von Druckwasser-Projecten nicht mehr ge-
sprochen.

Es verdient besondere Hervorhebung, dass der
Druckwassermotor trotz seiner hervorragend vortheilhaften Eigenschaften, trotz billiger Anschaffungskosten, trotz wärmster Empfehlung durch
Behörden und Vereine, trotz Vorführung auf zahlreichen Ausstellungen keine Verbreitung in Deutschland erlangen konnte. Es geht hieraus hervor,
dass die an einem Kraftversorgungssystem interes-
sirten Kreise auf billige directe Betriebskosten
den Hauptwerth legen und nur in vereinzelten Fällen
durch andere Rücksichten sich bestimmen lassen.

Verdünnte Luft ist meines Wissens in Deutschland
nirgends in Verwendung, nicht einmal irgendwo ernstlich
vorgeschlagen. In Paris befindet sich eine solche Anlage
kleinen Umfangs seit etwa 10 Jahren in Betrieb. Ueber die
finanziellen Ergebnisse dieser Centrale konnte ich nirgends
Veröffentlichungen finden, ebensowenig über die Betriebskosten der angeschlossenen Motoren. Da aber der Wirkungsgrad einer derartigen Kraftübertragung kein bedeutender sein
kann, wird wohl die Pferdekraftstunde nicht billig zu stehen
kommen. Das System an sich hat gewisse Vorzüge; doch
befasse ich mich hier nicht weiter damit, da an eine Concurrenz desselben mit der Leuchtgas-Kraftversorgung in
Deutschland nicht zu denken ist.

Die Druckluft machte seit 1889 längere Zeit viel von
sich reden und schien in weiten Kreisen, sogar Gasfach-

---

[1]) in Manchester und Glasgow in Ausführung begriffen.

männern, geeignet, die deutschen Städte mit Kraft zu versorgen. Es entspann sich eine stellenweise mit grosser Schärfe
geführte Debatte zwischen den Anhängern des Druckluftsystems und einigen Electrotechnikern, welche die Kraftversorgung der Electricität allein vorbehalten haben wollten.
Es wurden zahlreiche Projecte entworfen und wieder ver-
worfen, einige Dutzend Patente entnommen, an mehreren
Orten Modellanlagen im Betrieb gezeigt, kurz, Alles gethan,
was die Einführung des Druckluftsystems in Deutschland
fördern konnte. Während dessen nahm die Zahl der Gasmotoren
allenthalben stark zu. Von den vielen Druckluftprojecten
kam, wenn ich nicht irre, nur eines zur Ausführung, in
Offenbach a. M. Ueber die wirthschaftlichen Ergebnisse
des Betriebes dieser Anlage sind mir keine Angaben zugänglich; aus einer Aeusserung des Herrn L. Sonnemann-
Frankfurt auf dem Electrotechniker-Congress in Köln scheint
hervorzugehen, dass dieselben keine günstigen sind. Dass
trotz und nach Einführung der Druckluft die Zahl der Gasmotoren sich in Offenbach normal vermehrte, ist bereits hervorgehoben worden.

Nachdem die grossartige, technisch allerdings sehr mangel-
hafte Druckluftanlage in Birmingham sich als unrentabel
erwiesen und auch in Paris keine sehr günstigen Ergebnisse
erzielt werden, dürften vorläufig die deutschen Druckluft-
projecte kaum zur Ausführung kommen; jedenfalls wird der
Leuchtgas-Kraftversorgung eine nennenswerthe Concurrenz
durch Druckluft nicht erwachsen. Für die Kraftconsumenten
bedeutet dies keinen Nachtheil, denn die Betriebskosten pro
Pferdekraftstunde sind bei Druckluft mindestens ebenso
hoch wie bei Gas. Und den mancherlei Annehmlichkeiten
und Vortheilen des Druckluftbetriebes stehen auch einige
Nachtheile gegenüber, die Nothwendigkeit der Vorwärmung der Luft z. B. Auch verursachen die Motoren
eines vorgeschlagenen Systems sehr viel Geräusch.

Aber wenn auch das Druckluftsystem zur centralen Kraftversorgung nicht Eingang gefunden hat oder finden wird, so bleibt ihm
jedenfalls doch ein grosses Verwendungsgebiet vorbehalten, die
Kraftübertragung in Bergwerken u. dergl. Neuere Nachrichten aus

Amerika lassen erkennen, dass dort von der Druckluft in ganz bedeutendem Maasse für Bergwerksbetrieb Gebrauch gemacht wird; ausserdem ist mir bekannt geworden, dass in St. Louis, Mo., ein industrielles Etablissement in seinen Werkstätten Druckluft-Kraftvertheilung eingerichtet hat, ein Beispiel, das vielleicht auch anderswo Nachahmung findet[1].) Für solche Zwecke ist das Druckluftsystem Concurrent der electrischen Kraftübertragung und bietet dieser gegenüber in bestimmten Fällen wesentliche Vortheile. Hier wird die Druckluft wahrscheinlich ihren Platz zu behaupten im Stande sein; von ihrer Verwendung zur Kraftversorgung von Städten ist es dagegen ziemlich still geworden.

Alle die Kraftvertheilungssysteme, welche ausschliesslich oder doch fast ausschliesslich Kraft liefern, scheinen mir auf Grund der Ermittelungen über Verbreitung und Beanspruchung der Gasmotoren in Deutschland wirthschaftlich unmöglich. Bremen hat 149 Gasmotoren mit 548 HP.; dieselben erreichen durchschnittlich nur 710 Betriebsstunden im Jahre; das Kraftgas kostet 12 Pf. pro cbm, die Pferdekraftstunde im Gasmotor also direct nur rund 11 Pf. Aus diesen Zahlen geht klar hervor, dass in Bremen eine Druckwasser- oder Druckluftcentrale nicht rentiren würde. Die Anlage müsste klein beginnen, vielleicht mit 200 HP., müsste darauf eingerichtet sein, wenigstens 90% aller angeschlossenen Motoren gleichzeitig zu betreiben, hätte dies auch jederzeit zu gewärtigen, würde aber in der Regel kaum zur Hälfte belastet im Betriebe sein. Denn es ist doch nicht anzunehmen, dass die Wasser- oder die Luftmotoren auf längere Zeit beansprucht würden, als die Gasmotoren; eher das Gegentheil. Dass unter diesen Umständen Druckluft oder Druckwasser nicht zu einem solchen Preise geliefert werden könnte, dass die Pferdekraftstunde dem Abnehmer auf 11 Pf. zu stehen käme, wird Niemand bestreiten. Selbst bei wesentlich höherem Preise würde angesichts der geringen Gesammtabgabe die Anlage keinen Gewinn abwerfen können. So wie in Bremen liegen die Verhältnisse aber fast überall in Deutschland, und nur in ganz wenigen, besonders gewerbe-

---

[1]) Die Firma Riedinger in Augsburg hat ebenfalls Druckluft-Kraftvertheilung in ihren Werkstätten durchgeführt.

thätigen Städten ist eine nur Kraft vertheilende Centrale möglich, bezw. einmal möglich gewesen. Ich nenne als Beispiel Plauen i. V., wo die durchschnittliche Beanspruchung
der Gasmotoren jährlich rund 2000 Stunden beträgt wegen
der zahlreichen, zum Betrieb von Stickmaschinen dienenden
Motoren. Wenn es heute gelänge, alle Gasmotoren und noch
eine Anzahl mittelgrosser Dampfmaschinen zu verdrängen
und dazu ausserdem Motoren unterzubringen, wo bisher noch
keine waren, könnte eine Kraftcentrale in Plauen auf ihre
Rechnung kommen. Zweifellos würden aber Dampfmaschinen-
wie Gasmotoren-Besitzer nur dann zu dem neuen Betrieb
übergehen, wenn die Kosten des letzteren wesentlich
niedriger wären. Nun ist aber Druckluft, Druckwasser
und verdünnte Luft nur annähernd zu demselben Preise
lieferbar, wie Gas; eine damit arbeitende Centrale hätte also
eingerichtet werden müssen, ehe der Gasmotor in Aufnahme
kam; heute scheint es schon zu spät dazu, da der Gasmotor
das Feld bereits in Besitz genommen hat. Das Verlangen
nach städtischen Kraftcentralen wäre wohl in
Deutschland gar nie gestellt worden, wenn man
sich über das geringe Bedürfniss nach Betriebskraft allenthalben klar gewesen wäre; für jetzt und
für die absehbare Zeit erscheint eine blosse Kraftvertheilung in deutschen Städten wirthschaftlich undurchführbar.
Die Gasanstalten, welche in der Hauptsache Licht liefern
und ihre Rentabilität auf die Lichtlieferung be-
gründen, sind im Laufe des letzten Jahrzehnts bis zu ge-
wissem Umfang Kraftcentralen geworden, vertheilen ausserdem auch noch in stets wachsendem Maasse Wärme. Sie
befinden sich also einer nur Kraft liefernden Anlage gegenüber in so günstiger Lage, dass ein Wettbewerb gegen sie
von dieser Seite nicht aufkommen kann.

Nun wird aber behauptet, die Electricität, die ja
auch in erster Linie Licht liefert, sei hervorragend berufen
und befähigt, die Kraftversorgung der Städte zu übernehmen.
Und in der That ist dies der einzige Wettbewerb gegen die
Leuchtgas-Kraftversorgung, der ernstlich in Betracht kommen
kann. Es verdienen deshalb die Verhältnisse bei der elec-

trischen Kraftvertheilung eine besonders eingehende Würdigung.

In der Einleitung ist hervorgehoben worden, dass von
berufenen und unberufenen Anhängern der Electricität die
Erbauung electrischer Centralen in den Städten mehr und
mehr mit dem Hinweis auf sociale Verhältnisse auf das Bedürfniss nach motorischer Kraft für das Kleingewerbe, begründet wird. Das, was in den Abschnitten über Verbreitung
und Verwendung der Gasmotoren mitgetheilt wird, lässt diese
Behauptungen als starke Uebertreibungen erkennen; das
Kleingewerbe hat, was es braucht, im Gasmotor, und bedarf
eines Motors überhaupt nicht in dem Maasse, als man vielfach
voraussetzt. Es ist falsch, die Sache so darzustellen,
als ob erst mit der electrischen Centrale eine
Kraftversorgung möglich würde; man muss vielmehr die Verhältnisse der thatsächlich vorhandenen Leuchtgas-Kraftversorgung in Betracht
ziehen und untersuchen, ob der electrische Betrieb wesentlich vortheilhaftere Bedingungen
bietet.

Der Electromotor hat eine Reihe sehr vortheilhafter
Eigenschaften: er ist klein, leicht, überall anzubringen; ist
sehr einfach, leicht in und ausser Gang zu setzen, geht auch
unter Belastung von selbst an; hat nur eine Bewegung,
Rotation, nur einen beweglichen Teil, nur zwei Schmier-
stellen; erfordert kein Kühlwasser und hat keinen Auspuff;
er verträgt auch in der Regel beträchtliche Ueberlastung,
ohne stehen zu bleiben. Er ist endlich in der Anschaffung
billiger, als andere Motoren, und wird in Grössen geliefert,
in welchen die andern nicht zu haben sind, z. B. $\frac{1}{16}$, $\frac{1}{10}$,
$\frac{1}{8}$, $\frac{1}{6}$ HP. u. dergl. Er hat aber auch einige Nachtheile.
Da ist in erster Linie die hohe Umlaufszahl. Markt-
gängige Modelle von $\frac{1}{4}$ HP. laufen mit 2500 Umdrehungen
in der Minute, $\frac{1}{2}$ HP. mit 1500—1800, 1 HP. mit 1200—1650,
selbst Motoren von 4, 6, 8 und mehr HP. laufen mit 1100
Umdrehungen und darüber. »900 Touren sind verhältnissmässig wenig«, heisst es in der Electrotech. Zeitschr. 1890.
S. 380. Es ist allerdings möglich, auch kleine Motoren mit

geringerer Umlaufszahl zu bauen, sie fallen dann nur grösser, schwerer und theuerer aus. Die hohe Umlaufszahl, die in einzelnen Fällen, z. B. bei Ventilator- und Centrifugalpumpen-Betrieb u. dergl. erwünscht sein kann, ist von nachtheiligem Einfluss auf die Bürsten und Collectoren und bedingt in zahlreichen Fällen die Anordnung eines Vor-geleges zwischen Motor und Arbeitsmaschine. Es sind mir mehrere Buch- und Steindruckereien bekannt, in welchen ein Gasmotor durch einfachen Riemenbetrieb eine Presse bewegt, und wo, um ein möglichst geringes Ueber-setzungsverhältniss herbeizuführen, die Umlaufszahl des Gas-motors durch Verstellung des Regulators auf 140 und noch weniger Touren per Minute herabgemindert ist. Die dadurch veranlasste geringere Gleichförmigkeit des Ganges wird von den Besitzern solcher Motoren im Hinblick auf die sonstigen Vortheile gern in Kauf genommen. Die Liste der Betriebs-zwecke, denen der Gasmotor dient, zeigt, dass wohl in der überwiegenden Mehrzahl die Arbeitsmaschinen langsam laufen. Von 180—200 Umdrehungen, der Normal-Geschwindigkeit des Gasmotors, auf 50—60 herunter zu gehen, ist leicht und ohne Vorgelege durchführbar; von 1200—1800 Touren dagegen ist ohne Vorgelege nicht auf 100 zu kommen, wenn nicht gerade sehr viel Raum für einen langen Riementrieb zu Gebote steht. Die bei electrischem Betrieb nöthigen Vorgelege sollten in vielen Fällen bei Vergleich-ung der Anschaffungskosten mit denen eines Gas-motors mit in Betracht gezogen werden, da sie die Anschaffungskosten des Electromotors in nennenswerthem Maasse vergrössern; dieselben sind ausserdem durch ihren Kraftverlust und Schmiermaterialverbrauch von Einfluss auf die Betriebskosten. Schraubenräder, die vielfach zur Ueber-setzung zwischen Electromotoren und Arbeitsmaschinen ver-wendet werden, haben, von vorzüglicher und daher theuerer Ausführung abgesehen, einen so bedeutenden Kraftverlust im Gefolge, dass von vornherein ein wesentlich grösserer Electromotor gewählt werden muss, als der Arbeitszweck eigentlich erheischt; ausserdem nützen sich dieselben rasch ab. Als Nachtheil des Electromotors hörte ich auch seine magnetischen Eigenschaften schon bezeichnen, welche in Betrieben, wo Stahl und Eisen verarbeitet wird, eine sehr sorgfältige Einschliessung des Motors in staubdichte Kästen bedingten.

Die Anschaffungskosten (Fabrikpreise, Auslagen für Verpackung, Fracht, Aufstellung, Anschluss an die Leitung, Vorschaltwiderstände und sonstiges Zubehör zusammen), Riemenspannvorrichtungen und Extra-Vorgelege nicht miteingerechnet, belaufen sich auf: $1/4$ HP. etwa M. 500, $1/3$ HP. etwa M. 550, $1/2$ HP. etwa M. 600, 1 HP, etwa M. 650, 2 HP. etwa M. 850, 3 HP. etwa M. 1050, 4 HP. etwa M. 1250, 6 HP. etwa M. 1600. Dieser Aufstellung sind die Preislisten von 8 der bekanntesten electrotechnischen Firmen zu Grunde gelegt; für Aufstellung und Anschluss an die Leitung sind jeweils nur zwei Fünftel des entsprechenden Betrags beim Gasmotor gleicher Grösse in Rechnung genommen, für Verpackung und Fracht 3% des Fabrikpreises.

Die Strompreise für motorische Zwecke stellen sich, wie folgt:

Bremen (Gleichstrom) . . . . ca. 40 Pf. pro Kilowattstd.

Bockenheim { (Gleichstrom) . » 26 » » »
 { (Drehstrom) . . » 20 » » »

Berlin (Gleichstrom)[1] . . . . » 20 » » »

Laufen-Heilbronn (Drehstrom) » 40 » » »

Hannover (Gleichstrom) . . . » 24 » » »

Köln (Wechselstrom) . . . . . » 25 » » »

Kassel (Gleichstrom) . . . . . » 40 » » »

Blankenburg a./H. (Gleichstrom) » 20 » » »

Man wird demnach wohl nicht fehl gehen, wenn man als Durchschnittspreis des von deutschen Centralen gelieferten Stromes für Kraftzwecke 25 Pf. pro Kilowattstunde ansetzt. Dass dieser Preis sehr niedrig gestellt ist und kaum die Selbstkosten deckt[2], lehrt eine Tabelle in der Electrotechn. Zeitschr. 1894, S. 1; nach dieser stellten sich die Betriebs-

---

[1] jetzt 18 Pf.

[2] In Köln sogar hinter denselben zurückbleibt.

kosten für die abgegebene Kilowattstunde (ausschl. Verzinsung und Abschreibung)

in Barmen auf 28,27 Pf.
» Elberfeld » 23,59 »
» Hamburg » 21,42 »
» Hannover » 20,76 »
» Köln » 27,47 »
» Düsseldorf » 18,74 »

im Durchschnitt also auf etwas über 23 Pfg. Es verdient
Erwähnung, dass die Electricitätswerke den Strom
für motorische Zwecke mit 60—75% Rabatt abgeben müssen, um einigermaassen gegen die Gasanstalten concurriren zu können, welche in der
Regel den Preis für Kraftgas nur um 20—33$\frac{1}{3}$%
gegen den Normalpreis ermässigen.

Um nun die Betriebskosten des Electromotors mit denen
des Gasmotors vergleichen zu können, nehme ich für die
Pferdekraftstunde einen Verbrauch von 0,9 Kilowatt an,
was einem Nutzeffect von über 81% für den Electromotor
gleichkommt, also für die Grössen von 1, 2 und 3 HP im
praktischen Betrieb eine sehr günstige Voraussetzung ist.
(Der einpferdige Motor von Schuckert & Co. hat laut Preis-
liste nur 70% Nutzeffect, der dreipferdige, Modell *S*, der
Allg. Electricitäts-Gesellschaft nur rd. 77%). Somit betragen
allein die Kosten für Strom pro Pferdekraftstunde
22,5 Pf. Ich rechne ferner, um eine gemeinschaftliche Grundlage für die Vergleichung zu haben, mit einer Beanspruchung
von 1200 Stunden im Jahre, obwohl ein Electricitätswerk
eine solche Betriebsstundenzahl der angeschlossenen Motoren
bei weitem nicht erwarten darf (s. unten). Ferner rechne
ich, wie beim Gasmotor, für Verzinsung, Abschreibung, Instandhaltung und Reparaturen einen Betrag von 10% der Anschaffungskosten, während Korte (Z.d.V.d.J.1891,S.39) dafür
14% ansetzt. Die Auslagen für Schmiermaterial rechne ich
nicht besonders, sondern nehme dieselben unter die 10%
mit auf. Ich hoffe demnach vor dem Vorwurf, den Electromotor ungünstiger behandelt zu haben, als den Gasmotor,
gesichert zu sein.

Unter diesen Voraussetzungen stellen sich sämmtliche Betriebskosten des Electromotors bei 1200 Stunden Beanspruchung auf:

1 HP. = 10 % von 650 M. = 65 M., + (1200 × 22,5 Pf.) = 270 M., zusammen 335 M.

2 PH. = 10 % von 850 M. = 85 M., + (1200 × 45 Pf.) = 540 M., zusammen 625 M.

3 PH. = 10 % von 1050 M. = 105 M., + (1200 × 67,5 Pf.) = 810 M., zusammen 915 M.

4 HP. = 10 % von 1250 M. = 125 M., + (1200 × 90 Pf.) = 1080 M., zusammen 1205, rd. 1200 M.

Oder pro Pferdekraftstunde:

$$1 \text{ HP.} = \frac{335}{1200} = 28 \text{ Pf.}$$

$$2. \text{ HP} = \frac{625}{2 \times 1200} = 26 \text{ Pf.}$$

$$3 \text{ HP.} = \frac{915}{3 \times 1200} = 25 \text{ Pf.}$$

$$4 \text{ HP.} = \frac{1200}{4 \times 1200} = 25 \text{ Pf.}$$

Der Betrieb mittelst Electromotoren ist demnach nicht nur nicht billiger, als der Gasmotorenbetrieb, sondern theurer, und zwar bei 1 HP. um 12 %, bei 2 HP. um 19 %, bei 3 HP. um 30 %, bei 4 HP. um 38 %. Je höher also der Kraftbedarf, in um so ungünstigerem Verhältniss stehen die Betriebskosten des Electromotors zu denen des Gasmotors; noch mehr tritt dies da zu Tage, wo die Motoren jährlich mehr als 1200 Stunden im Betrieb sind. Ich habe die Verhältnisse für 2400 Betriebsstunden ausgerechnet (bei 12 % Ansatz für Verzinsung, Abschreibung, Instandhaltung und Reparatur). Dieselben stellen sich, wie folgt:

1 HP. Gasmotor 20,50 Pf., 1 HP. Electromotor 25,75 Pf. (über 25 % theurer).

2 HP. Gasmotor 18,6 Pf., 2 HP. Electromotor 24,6 Pf. (über 32 % theurer).

3 HP. Gasmotor 17,4 Pf., 3 HP. Electromotor 24,2 Pf.
(über 39 °/o theurer).

4 HP. Gasmotor 16,9 Pf., 4 HP. Electromotor 23,9 Pf.
(über 41 °/o theurer)..

Diese Zahlen sind auf die Mittelwerthe für den Kraftgas- bezw.
Kraftstrompreis in Deutschland gegründet. In der Wirklickkeit
wird man einer Vergleichung die am betr. Platze geltenden Preise
zu Grunde legen. So ergibt sich beispielsweise für Berlin (Elektr.
Strom 20 Pf., Gas 12,8 Pf.), dass bei 1200 Betriebsstunden die Kosten
eines Electromotors denen eines Gasmotors annähernd gleich
sind, obige Leistungen vorausgesetzt. Bei noch weniger Beanspruchung und namentlich ganz kleinen Motoren, ist der Betrieb durch
Elektromotor etwas billiger. In Köln dagegen (Strom 25 Pf., Gas
10 Pf.) ist schon bei 1200 Betriebsstunden der Electromotor von
1 HP um 33 °/o theurer als der Gasmotor, und bei 2400 Betriebsstunden verursacht ein vierpferdiger Electromotor doppelt so viel
Auslagen, als ein Gasmotor gleicher Grösse.

Aus verschiedenen Gründen (Vereinfachung der Verwaltung, Sicherstellung des Erträgnisses, Erzielung besserer Ausnützung der Centrale) geben einzelne Electricitätswerke den
Strom für motorische Zwecke nicht nach Zählern, sondern
nach Pauschaltarifen ab. Wanderredner und Tageszeitungen berechnen aus solchen Tarifen, dass der Electromotor an Billigkeit des Betriebs alle andern Kraftmaschinen
weit hinter sich lasse; sie legen dabei natürlich »300 Arbeitstage zu je 10 Stunden« zu Grunde. Ein einziges Beispiel
wird erkennen lassen, wie es thatsächlich mit diesen Pauschaltarifen sich verhält: In Heilbronn (Centrale Lauffen a./N.,
Drehstrom) wird für einen Motor von 1 HP monatlich
M. 30 erhoben; dies ergäbe bei 25 Betriebstagen zu je 10 Stunden
12 Pf. pro Pferdekraftstunde. Nun ist aber sehr schwer einzusehen, weshalb die 14 Electromotoren in Heilbronn durchschnittlich mehr Betriebsstunden haben sollen, als die 54 Gasmotoren daselbst erreichen, nämlich 1200, und hieraus berechnen sich die durchschnittlichen Kosten für die Pferdekraftstunde (allein für Strom) auf 30 Pf., was denn in der
That der nach Zählern abgegebene Strom in Heilbronn auch
kostet.

Dass diese scheinbar billigen Pauschaltarife geeignet
sind, das Publikum irre zu führen, ergibt sich aus folgender
Berechnung: In Heidelberg sind 50 Gasmotoren mit
105 Pferdekräften an das Rohrnetz angeschlossen; dieselben
verbrauchten im Jahre 1892 86057 cbm Gas zu 18 Pf. Die
Gasanstalt vereinnahmte also (von Rabatten abgesehen)
M. 15 490 für Kraftgas, d. i. pro Pferdekraft und Jahr M. 147,5
oder pro Pferdekraft und Monat M. 12,4, also sehr
viel weniger, als der Pauschaltarif für Electromotoren in
Heilbronn beträgt. Und dabei ist der Gaspreis von 18 Pf.
pro cbm ein sehr hoher. Hätte er damals schon, wie jetzt,
nur 15 Pf. betragen, so hätte die Gasanstalt pro Pferdekraft und Monat nur etwa M. 10,5 vereinnahmt, also
noch weniger, als das Electricitätswerk in Erding (billigster
mir bekannter Pauschaltarif, M. 130 pro HP. und Jahr) sich
bezahlen lässt. — Die deutsche Continental-Gas-Gesellschaft
könnte für die von ihren deutschen Gasanstalten aus versorgten Gasmotoren unbedenklich einen Pauschaltarif
von M. 10 pro Pferdekraft und Monat einführen, ohne
an ihrem Einkommen aus dem Kraftgas irgend welche Ein-
busse zu erleiden; im Gegenteil, sie würde dabei einen noch
höheren Ertrag aus der Kraftversorgung erzielen. Aus diesen
Anstalten gehen nur wenige Rechnungen mit einem höheren
Betrag als M. 15 pro HP. und Monat an Motorenbesitzer hinaus.

Mit den Pauschaltarifen für electrischen Strom sollte man daher
sehr vorsichtig zu Werke gehen. In Amerika, dem Musterlande der
Verbreitung der Electricität, fingen zahlreiche electrische Centralen
auch mit billigen Pauschaltarifen an, kamen aber damit auf keinen
grünen Zweig (von 56 Electricitäts-Gesellschaften in Massachussetts
zahlten im Jahre 1892 33 keine Dividende!), weshalb nach und
nach zum Zählersystem übergegangen wird. Die Centrale in Gab-
lonz ist schon im zweiten Betriebsjahr ebenfalls vom Pauschaltarif zum Zählersystem übergegangen. Bei dieser Gelegenheit sei
gleich bemerkt, dass in Deutschland Electromotoren empfohlen
werden mit dem Hinweis auf deren grosse Verbreitung in Amerika.
Nun ist es zwar richtig, dass der Electromotor drüben viel verbreiteter ist, als der Gasmotor (über die Ursachen siehe den Vortrag von Fred. Shelton, Progressive Age 1892, S. 360); aber
er ist nicht mehr verbreitet, als der Gasmotor in

4

Deutschland. In Minneapolis z. B., einer mächtig aufblühen-
den Industriestadt von 170000 Einwohnern, sind nur etwa 160 Electromotoren mit rd. 500 HP. in Betrieb; die vier electrischen Centralen
in Boston versorgten 1892 in einem Gebiet von über 700000
Einwohnern 1099 Electromotoren mit 3372 HP. (Durchschnitt:
rd. 3 HP.) mit Strom. In Newyork ist der Electromotor nicht so
verbreitet, als in Barmen der Gasmotor. Seit einigen Jahren
fängt übrigens auch in Amerika der Gasmotor an Eingang zu finden.
Shelton ermittelte, dass ein Gasmotor in den Vereinigten Staaten
auf 7500 Einwohner komme. Infolge des der ersten Gasmotoren
bauenden Firma erstandenen Wettbewerbs, der dadurch ermässigten
Preise, sinkender Gas- und steigender Electricitätspreise und namentlich Dank lebhafterer Agitation der Gasfachmänner, vermehrt sich
in wachsendem Verhältniss die Zahl der Gasmotoren in Amerika,
trotz der scharfen, electrischen Concurrenz. Die Ursache ist einfach
genug: Auch drüben ist der electrische Strom theurer,
als das Gas; der Strom ist sogar im Allgemeinen theurer oder
doch theurer geworden, als in Deutschland (25 cts. = 1,06 M. pro
Kilowattstunde für Lichtzwecke ist der am häufigsten zu treffende
Preis, daneben 1 ct. = 4,25 Pf. pro 16 NK. Lampenbrennstunde),
während das Gas annähernd denselben Preis hat, wie in Deutschland (1 $ für 1000 Cubicfuss = rd. 15 Pf. pro cbm). Die zahlreichen
im »Lande der Electricität« im Bau begriffenen grossartigen
Gasanstalten werden zweifellos auch einen nennenswerten Teil
ihrer Production an Gasmotoren abgeben.

. Die Behauptung, der Electromotor sei »der billigste
Motor für das Kleingewerbe«, ist also im Allgemeinen un-
zutreffend. An einigen Orten und in einzelnen Fällen,
namentlich bei ganz kleinen Leistungen und geringer Beanspruchung, stellen sich die Kosten des electrischen Betriebes etwas geringer, als die des Gasbetriebs, bei den
üblichen Motorengrössen aber stellt sich letzterer schon bei
der durchschnittlichen Betriebsstundenzahl billiger. Für die
Zukunft sind in jeder Beziehung die Aussichten des Gasmotors wesentlich günstigere: Sein Wirkungsgrad ist noch
ganz erheblicher Steigerung, d. h. die Construction bedeutender
Verbesserung fähig, die Herstellungskosten können und
werden weiter ermässigt werden, und der Kraftgaspreis wird
an vielen Orten noch ganz beträchtlich herabgesetzt werden
können; die Electricitätswerke dagegen geben den Motoren-

strom zu oder unter den reinen Selbstkosten ab, werden also
in absehbarer Zeit die Preise nicht ermässigen können, und
ausserdem ist der Wirkungsgrad der Electromotoren heute
schon so gross, dass nennenswerthe Verbesserungen in dieser
Hinsicht ausgeschlossen sind.

Es müssten also, wie beim Wettbewerb des electrischen
Lichtes gegen das Gaslicht, Erwägungen anderer Art, als
Rücksicht auf die Betriebskosten, zur Aufnahme des Electromotors Anlass geben. Und hier treffen nun die bei Be-
sprechung des Wassermotors gemachten Bemerkungen zu:
Das Publicum berücksichtigt bei der Wahl eines Motors fast
nur die Betriebskosten und nimmt, wenn nur diese recht gering
sind, gern einige Unannehmlichkeiten mit in Kauf. Aus
diesem Grunde hat denn auch bisher der Electromotor
in Deutschland sehr wenig Verbreitung gefunden.
Nur ganz wenige electrische Centralen versorgen mehr als
ein Dutzend Motoren mit Strom; leider enthalten die Be-
triebsberichte dieser Werke keine diesbezüglichen Angaben,
nur von Düsseldorf finde ich 4, von Darmstadt 8 mit 2,1 HP.,
und von Barmen (nach fünfjährigem Bestand) 10 Motoren
verzeichnet. Nur in Berlin [1]) ist der Electromotor stärker
verbreitet; neuere Bericht geben an, dass am 30. Juni 1892
121 Motoren mit 500 HP., am 30. Juni 1893 232 Motoren
mit 785 HP.[2]); angeschlossen waren. Da nun im Jahresmittel
(bei der gewiss günstigen Annahme gleichmässiger Vertheilung der Zunahme auf die einzelnen Monate) 177 Motoren
mit 643 HP mit Strom versorgt wurden und im ganzen Jahre
nur 238 042 Kilowattstunden für motorische Zwecke abgegeben wurden, so ergibt sich eine durchschnittliche
Beanspruchung von 430 Stunden. Eine höhere mittlere
Beanspruchung als 500 Stunden ist also kaum anzunehmen.
In dem Lichte dieser einzigen über Betriebsverhältnisse von Electromotoren mir zugänglichen Ermittelung

---

[1]) Die Verwaltung der Berliner Electricitätswerke erfolgt durch
eine Privatgesellschaft.

[2]) im März 1894 358 Motoren mit etwa 1050 HP.

4*

empfiehlt es sich, die obenerwähnten Pauschal·
tarife_zu betrachten[1]).

Im Hinblick auf diese Zahlen sollten städtische Behörden
es sich gründlich überlegen, ehe sie, dem Drängen irre·
leitender oder irregeleiteter Persönlichkeiten nachgebend, »um
die nothwendige Kraftversorgung zu schaffen«
ein Electricitätswerk zu errichten beschliessen[2]). Man sollte
stets bedenken, dass die Kraftversorgung durch Leuchtgas,
die früher gekommen ist, nunmehr den grössten und er-
giebigsten Theil dieses Feldes in Besitz genommen hat;
ferner, dass den Gasmotorenbesitzern, um sie zur Ersetzung
ihrer Maschinen durch Electromotoren zu bewegen, ganz erhebliche Vortheile in den Betriebskosten geboten werden
müssten, was nicht möglich ist; ferner, dass bei den für
das Electricitätswerk etwa noch zu gewinnenden
Consumenten es sich zumeist um so kleine Leistungen und so geringe Beanspruchung der Motoren
handelt, dass bei der Sache nichts herauskommen
kann. Endlich darf nicht vergessen werden, dass da, wo
das Gas aus irgend einem Grunde (kleine Anstalt, grosse
Entfernung von den Kohlenbezirken) theuer ist, in der Regel
auch der electrische Strom theuer herzustellen sein wird.
Denn die Kosten der Kohlen und der Umfang der Anlage
beeinflussen ein Electricitätswerk ebenso, wie ein Gaswerk,
und von den Wasserkräften hat die bisherige Entwickelung der Dinge gelehrt, dass die optimistischen Anschau-
ungen nicht erfüllt wurden. Die Centrale in Lauffen, von

---

[1]) In jüngster Zeit veröffentlichte Hr. Dr. Gusinde, Hannover,
in der Electrot. Zeitschr. 1894. S. 288 eine Zusammenstellung der
Betriebsergebnisse einiger (21) Electricitätswerke, worin mitgetheilt
ist, dass die Electromotoren in Mülhausen i. E. durchschnittlich 472,
in Kassel 445, in Breslau nur 268 Jahres-Betriebsstunden hätten.
Dies sind die drei höchsten in der betr. Tabelle enthaltenen Ziffern;
an andern Orten wurden noch weniger Betriebstunden erreicht, obige
Annahme ist also wahrscheinlich noch viel zu günstig.

[2]) Vgl. hierüber: Hartwig, »Der electrische Strom als Licht·
und Kraftquelle« (Dresden 1894), S. 367 u. ff.

der aus s. Z. die vielbesprochene Kraftübertragung nach
Frankfurt ging, liefert den Strom sowohl für Licht- wie für
Kraftzwecke nicht so billig, wie die mit Dampfkraft
arbeitende Centrale in Hannover. In Kassel ist der durch
Wasserkraft erzeugte Wechselstrom theurer, als der durch
Dampfdynamos erzeugte in Köln. In Fürstenfeld-
Bruck ist die electrische Anlage so einfach und billig wie
möglich hergestellt (oberirdische Leitung, keine Zähler u. s. w.)
ihr Erbauer, O. v. Miller, gibt an, dass sie die Brennstunde
der 16 NK.-Lampe für 2,5 Pf. liefere, legt aber dieser Rechnung die unzulässige Annahme von durchschnittlich 800 Brennstunden zu Grunde. Da diese Beanspruchung
der Lampen von keiner einzigen deutschen Centrale erreicht
wird, vielmehr in der Industrie- und Kunststadt Düsseldorf
jede angeschlossene Lampe nur wenig über 400 Stunden
brennt, so ist nicht einzusehen, weshalb der stille oberbayerische
Marktflecken eine Ausnahme machen und mehr als 500 Brennstunden erzielen sollte. Auf letzterer Grundlage aber berechnet sich der Strompreis in Fürstenfeld-Bruck zu 4 Pf.
pro 16 NK,-Lampenstunde, das ist so viel oder mehr,
als bei den mit Dampf- oder Gaskraft arbeitenden
Centralen. Zu allem Ueberfluss setze ich noch die Aeusserung des offenbar sachverständigen Verfassers eines Artikels
»Electrisches aus der Schweiz« in der »Frankf. Ztg.«
No. 105 vom 16. April 1893 hierher, indem ich darauf hin-
weise, dass in der Schweiz die Wasserkräfte billiger zu gewinnen sind, als anderswo: »Meine Wahrnehmung, dass
Städte wie z. B. Köln, Düsseldorf, Mainz, Frankfurt, Mannheim, welche ihre Kohlen auf dem Wasserwege zu billigen
Frachtsätzen beziehen können, die Electricität nahezu ebenso
billig zu erzeugen vermögen, als die schweizer Städte mit
ihren Wasserkräften, findet sich auch hier (in der Ostschweiz)
überall bestätigt«.

Die immer wiederkehrende Behauptung, die Electrizität
sei zur Lösung der socialen Frage berufen, sie werde dem
Kleingewerbe Betriebskraft so billig zu Gebote stellen, wie
der Dampf den grossen Fabriken u. s. w., ist also nicht begründet. Wir haben gesehen, dass der Electromotor zur Zeit

nicht billiger, sondern in der Regel theurer arbeitet, als der
Gasmotor, und dass für absehbare Zeit dieses Verhältniss
erhalten bleiben wird. Dass aber der Gasmotor bei
2, 3, 4 oder auch 8 und 10 HP. noch lange nicht so
billig arbeitet, als die Dampfmaschine bei 100,
200 und 500 HP., hat meines Wissens noch kein Gasfachmann in Abrede gestellt. Ohne mich näher auf eine Ermittelung der Betriebskraftkosten der Grossindustrie einzu-
lassen, verweise ich auf eine Veröffentlichung über eine 120 pfer-
dige Wolf'sche Locomobile (Z. d. V. d. J. 1891, S. 941), woraus
hervorgeht, dass sämmtliche Betriebskosten (Verzinsung, Abschreibung, Kohlen, Wasser, Schmieröl, Wartung, Reinigung
und Reparatur) in der Stunde auf 3,034 Pfennige pro
Pferdekraft sich belaufen haben. Locomobilen gelten
dabei noch immer für theurer im Betriebe, als stationäre
Maschinen mit eingemauerten Kesseln und hohen Schorn-
steinen. Es kann daher wohl behauptet werden, dass dem
Kleingewerbe bei Gasbetrieb das Stundenpferd
6 bis 8mal so theuer zu stehen kommt, als der
Grossindustrie, bei electrischem Betrieb bis zehn
mal so theuer und mehr. Die Ursache hiefür liegt nur
zum Theil in der geringen Leistung der Kleinmotoren; die
Hauptsache ist die geringe Beanspruchung derselben.
Die Grossindustrie erreicht nicht nur 3000 Betriebsstunden im Jahr für ihre Kraftmaschinen,
sondern überschreitet in der Regel diese Grenze,
das Kleingewerbe dagegen erreicht sie nur in
ganz seltenen Fällen und hat, wie wir gesehen, in der
Regel nur eine Beanspruchung von nicht einmal 1200 Stunden.
Die Verzinsung und Amortisation des Anlagekapitals vertheilt sich also in einem Falle auf mindestens dreimal so
viel Betriebsstunden als im andern. Hieraus geht zur
Evidenz hervor, dass es überhaupt vollständig
unmöglich ist, durch irgend ein Kraftübertragungs-
mittel die Leistung einer grossen Dampfmaschine
oder sonstigen Kraftquelle so zu vertheilen, dass
die Kraft im Kleinen ebenso billig wird, wie sie
der Grossindustrie zu Gebote steht. Was aber tech-

nisch und wirthschaftlich unmöglich ist, kann auch die Electricität nicht leisten.

Der Verfasser dieser Zeilen hat schon vor Jahren im Gegensatz zu den Prophezeihungen der allzu optimistischen Freunde der Electricität in öffentlichen Druckschriften behauptet, der Electromotor werde, anstatt dem Kleingewerbe zu helfen, die vortheilhafte Lage der Grossindustrie noch günstiger gestalten. In der That kann man heute ganz unbedenklich sagen, dass die grosse Mehrzahl der bisher in Deutschland gebauten Electromotoren der Grossindustrie dient. Man erfährt wenig oder gar nichts von Ausnützung der Wasserkräfte zu Gunsten des kleinen und mittleren Gewerbes; dagegen enthält fast jede Nummer der electrotechnischen Fachblätter die Beschreibung einer Kraftübertragung nach dieser oder jener grossen Fabrik. Beim Durchblättern der fünf letzten Jahrgänge der Electrotechn. Zeitschrift fand ich Notizen über mehr als 80 derartige Anlagen. Wenn auch in vielen Fällen die Vortheile beim Betrieb durch eine electrisch ausgenützte Wasserkraft dem Dampfbetrieb gegenüber nicht sehr gross sind, so lehrt doch die grosse Zahl derartiger Anlagen, dass dabei an Betriebskosten etwas gespart wird. Die durch electrische Fernleitung ermöglichte Ausnützung vorhandener Wasserkräfte erweist sich also in erster Linie und in höchstem Maasse für die grossen Fabriken vortheilhaft. Als zweiter, vielleicht wichtigerer Punkt in dieser Beziehung kommt seit einigen Jahren die electrische Transmission an Stelle der Riementransmission in Fabriken immer mehr in Betracht. Diese Sache wird nicht bloss in Vorträgen und Abhandlungen erörtert, sondern ist in Deutschland und im Ausland bereits in sehr zahlreichen Fällen praktisch durchgeführt worden. Die neue Fabrik von Siemens & Halske in Charlottenburg, die verschiedenen Werkstätten der Allgemeinen Electricitäts-Gesellschaft in Berlin, die Waggonfabrik der Gebr. Gastell in Mombach bei Mainz, die Eisenbahnwerkstätten in Kattowitz, die Actiengesellschaft für Fabrikation von Eisenbahnmaterial in Görlitz, die Maschinenfabrik in Esslingen, die Waffenfabrik in Herstal und viele andere industrielle Anwesen haben electrische Kraftvertheilung eingerichtet. Die beiden Erstgenannten zusammen besitzen mehr Electromotoren, als an die Berliner Electricitätswerke angeschlossen sind. Es dienen also in Berlin von der Gesammtzahl der dort vorhandenen Electromotoren mehr als die Hälfte ganz sicher dem Grossgewerbe; wie wenige der übrigen dem Kleingewerbe dienstbar sind, geht aus Veröffentlichungen in der Electrotechn. Zeitschr. 1894 S. 230 u. S. 294 hervor, derzufolge von 358 im März 1894 an das Netz der Berliner Electricitätswerke angeschlossenen Electromotoren 64 für Aufzug- und Fahrstuhl-Betrieb, 103 für Ventilation und Luftheizung, 78 für Druckerei und Papierfabrication, vom Rest noch etwa 50 für nicht kleingewerbliche Zwecke (Schlächterei, Wäscherei, Ausstellungszwecke, Glückstrommeln, Selterswasserpumpen, Rührwerke zur Wellenerzeugung in Badeanstalten, Pumpen für Badeeinrichtungen u. s. w.) dienten, während die Holz und Lederindustrie mit nur 6, die Metallindustrie mit nur 24 Motoren betheiligt war. Die Behauptung, dass nicht nur die electrische Kraftübertragung, sondern auch die electrische Kraftvertheilung zunächst und zumeist der Grossindustrie von Nutzen ist, kann ernsthaften Widerspruch nicht mehr erfahren. Denn »ein Industriewerk erzielt bei centraler electrischer Kraftversorgung eine ausserordentlich bequeme Form des Betriebes und der baulichen Gestaltung«, sagte ganz zutreffend W. Lahmeyer am 11. März 1891 in der Sitzung des Bezirksvereins deutscher Ingenieure in Essen an der Ruhr; ferner »die Electricität wird mit der Zeit gerade der Industrie mehr Dienste leisten, als jede andere Naturkraft« . . . . . »und die Zeit dürfte uns wohl unmittelbar bevorstehen, wo die Betriebseinrichtungen einer ganzen Reihe industrieller Anlagen einer Umwälzung entgegengehen« (E Hartmann, Electrot. Zeitschr. 1892 S. 697).

Der Gasmotor ist bisher in solchem Maasse der Grossindustrie noch nicht dienstbar geworden, wie der Electromotor. Jahrelang wurde er überhaupt nur in kleinen Ausführungen auf den Markt gebracht, und da er wegen seiner Grösse und Schwere zum directen Antrieb von Arbeitsmaschinen nicht geeignet erscheint, fand er in grossen Fabriken verhältnissmässig wenig Eingang. In den letzten Jahren wurden indessen immer grössere Gasmotoren gebaut, in Deutschland bis zu 120 effect. HP., und immerhin sind schon ziemlich viele derartige Motoren in Verbindung mit Dowsongas-Apparaten in Fabriken mittlerer Grösse zur Aufstellung gelangt. In England, wo man bereits Gasmotoren bis zu 700 indicirten HP. baut, vollzieht sich diese Entwicklung, u. A. in Folge der Ausstände der Kohlenbergleute, noch rascher als in Deutschland. Und wenn die zahlreichen auf Erfindung besserer und grösserer Gasmotoren gerichteten Bestrebungen einigermaassen Erfolg haben, dann kann es sehr leicht dahin kommen, dass die Industriewerke ihre Dampfanlagen durch Gasmotoren und ihre Riementransmissionen durch electrische Kraftvertheilung ersetzen. Das wäre dann Gas und Electricität nicht in Concurrenz, sondern in Compagnie, ein sehr erstrebenswerthes Ziel!

Nach all dem Gesagten erscheint eine schädliche Concurrenz des Electromotors gegen die Leuchtgas-Kraftversorgung nicht wahrscheinlich. Es wird vielleicht den electrischen Centralen gelingen, eine Anzahl ganz kleiner Electromotoren (unter 1 HP.) unterzubringen — den Bau einer Centrale nur wegen dieser kleinen Motoren zu unternehmen, erscheint aber financiell sehr gewagt — und vielleicht auch einige grössere da, wo der Consument auf billigste Betriebskosten nicht den Hauptwerth legt. Für die Grössen über 2 HP. wird für absehbare Zeit der Gasmotor das Feld behaupten; übrigens wäre es sehr wünschenswerth, dass auch kleinere Gasmotoren, bis herab zu $1/10$ HP, in ganz einfacher billiger Form construirt würden, vielleicht, was bisher allerdings nie recht glücken wollte, rotirende. Es ist ja an dem Consum dieser kleinen Maschinchen nicht viel zu verdienen, aber es liegt stellenweise ein Bedarf darnach vor. Die Leuchtgas-Kraftversorgung ist unvollständig, so lange sie nicht auch diesen Bedarf decken kann.

Die Dampf-Kleinmotoren machen dem Gasmotor keinen fühlbaren Wettbewerb mehr. In einzelnen Geschäften, namentlich solchen, welche Holz verarbeiten und täglich für mehr als nur 3—4 Stunden Kraft benöthigen, werden kleine Dampfmaschinen dem Gasmotor vorgezogen; vielleicht erklärt sich so dessen verhältnissmässig geringe Verwendung für Tischlereien u. dgl. Im Allgemeinen aber liegt die Sache jetzt so, dass der Gasmotor der kleinen Dampfmaschine Concurrenz macht, nicht umgekehrt. Die Stelle, welche vor zehn und zwölf Jahren der Dampfmotor in den Inseratentheilen der Fachzeitschriften und Tagesblätter besetzt hielt, hat jetzt der Gasmotor inne. Jede weitere Ermässigung des Kraftgaspreises verringert die Concurrenzfähigkeit der kleinen Dampfmaschinen.

Ein weiterer Nebenbuhler ist dem Gasmotor in den letzten paar Jahren entstanden im Petroleummotor. Seitdem es Altmann, Capitaine, der Gasmotoren-fabrik Deutz, Kaselowsky, v. Lüde, Spiel u. A. gelang, Motoren zu construiren, welche mit gewöhnlichem Lampenpetroleum arbeiten, sind wenigstens 3000 solcher Motoren in Deutschland abgesetzt worden. Wenn davon auch viele für Bootsbetrieb dienen oder als Locomobilen gebaut sind, so kann doch nicht geleugnet werden, dass zahlreiche Petroleummotoren an Orten und Stellen zu finden sind, wo ein Gasmotor aufgestellt sein könnte. Ich entsinne mich, eine Referenzenliste einer den Bau von Petroleummotoren betreibenden Firma gesehen zu haben, worauf Berlin, Magdeburg, Leipzig, Mannheim, Stutt-gart, überhaupt eine Reihe von Städten mit Gasanstalten, als Absatzgebiet genannt waren.

Die Ursache, weshalb der Petroleummotor dem Gas-motor vorgezogen wird, suche ich ausschliesslich in den geringeren Betriebskosten. Der Petroleummotor ist im Grunde nichts anderes, als ein Gasmotor, der sich das benöthigte Gas in jedem Augenblick selbst herstellt; er hat also, von der Unabhängigkeit abgesehen, keinerlei Vor-züge vor dem Gasmotor, im Gegentheil, seine Betriebs-sicherheit ist geringer, die sogen. Launenhaftigkeit grösser, die Bedienung umständlicher, als beim Gasmotor. Zudem erfordern die meisten Systeme erst eine längere (8—10 Min.) Vorwärmung des Vergasers, ehe der Betrieb beginnen kann, und verschiedene Petroleummotoren verbreiten sehr unan-genehmen Geruch. Auch ist die Aufbewahrung grösserer Mengen von Petroleum ausser dem Diebstahls-Risiko auch mit Feuersgefahr verbunden und deshalb vielfach durch besondere polizeiliche Vorschriften erschwert. Wenn trotz-dem diese Motoren auch da Eingang finden, wo Gas-motoren gewählt werden könnten, so bestätigt dies meine frühere Behauptung, dass der Gewerbetreibende bei Anschaffung eines Motors in erster Linie auf billige Betriebskosten sieht und sich von andern Erwägungen über etwaige Unannehmlichkeiten oder Nachtheile wenig oder gar nicht leiten lässt. Viel billiger ist übrigens der Petroleummotor-Betrieb nicht; die üblichen Grössen 1, 2, 3 und 4 HP., verbrauchen im praktischen Betrieb immerhin 0,5 kg Petroleum für die Pferdekraftstunde. Bei dem jetzigen Erdölpreise entspricht dies etwa 10 Pf. oder, unter Einrechnung der Transport- und Lagerungskosten, einem Kraftgaspreis von 12 Pf. Nur wo letzterer wesentlich höher ist, kann der Petroleummotor Ersparnisse im Betrieb herbeiführen, die selbst dann erst eine nennenswerthe Höhe erreichen, wenn die Beanspruchung eine mehr als durchschnittliche wird.

Uebrigens ist die Concurrenz des Petroleummotors dem Gasmotor nicht unbedingt schädlich, sondern kann sich später einmal vortheilhaft erweisen. Die Umänderung eines Petroleummotors für Gasbetrieb ist nämlich in den meisten Fällen weder schwierig noch kostspielig, und wird daher beim Steigen der Petroleumpreise oder nach entsprechender Herabsetzung der Kraftgaspreise oft vollzogen werden.

Die Heissluftmaschine, der erste und s. Z. ziemlich vielverbreitete Kleinmotor, ist heutzutage durch den Gasmotor fast völlig verdrängt und wird fast nur noch in Verbindung mit Wasserpumpen gebaut und da abgesetzt, wo kein anderer Motor verwendbar ist. Es muss jedoch hervorgehoben werden, dass selbst die grössten gegenwärtigen Gasmotoren den wärmetheoretischen Nutzeffect der kleinen früheren Heissluftmaschinen noch nicht erreicht haben. Die schlimmsten Nachtheile der bekanntesten Constructionen von Heissluftmaschinen, die Nothwendigkeit, ein Feuer in möglichst gleichmässigem Gang zu erhalten, und das Durchbrennen der Feuertöpfe, wären vielleicht durch Anordnung einer Gasheizung zu beseitigen, und insbesondere die an früherer Stelle als wünschenswerth bezeichneten kleinen Motoren ($1/10$, $1/8$, $1/5$ HP.) können für die Leuchtgas-Kraftversorgung vielleicht am ehesten durch mit Gas geheizte Heissluftmaschinchen beschafft werden.[1] —

---

[1] Die Firma A. Heinrici in Zwickau baut solche Zwergmotoren.

Andere Kleinmotoren, als die eben besprochenen, kommen als Concurrenten des Gasmotors nicht in Betracht. Es zeigt sich also, dass der Gasmotor z. Z. unter den nicht selbständigen Motoren als der vortheilhafteste gelten und dass die Leuchtgas-Kraftversorgung nach dem derzeitigen Stand der Technik einen erheblichen Wettbewerb nur durch den unabhängigen Petroleummotor erfahren kann. Die Kraftvertheilung mittels Druckluft oder Electricität ist ihr unter besonders günstigen Umständen vielleicht eben-bürtig, aber nicht überlegen. Deshalb ist auch eine Verdrängung der Gaskraft für absehbare Zeit nicht zu be-fürchten; im Gegentheil, es darf bestimmt vorausgesetzt werden, dass die bereits so grosse Bedeutung der Leuchtgas-Kraftversorgung noch sehr stark wachsen wird. Hierfür spricht auch der Umstand, dass die Zahl der Gasmotoren bauenden Fabriken sich von Jahr zu Jahr vergrössert, und jetzt meines Wissens in Deutschland allein 78 beträgt.

Die Belastung der Gasanstalten durch die Kraftgasabgabe.

Welche Bedeutung die Leuchtgas-Kraftversorgung in Deutschland erlangt hat, geht auch daraus hervor, dass durchschnittlich 9,2 % der gesammten Gasabgabe im Betriebsjahr 1892/93 auf den Verbrauch der Gasmotoren entfielen (berechnet aus den Angaben von 150 Gasanstalten). Im Hinblick auf die seither erfolgte Zu-nahme der Gasmotoren ist es gewiss zulässig, anzunehmen, dass gegenwärtig ein Zehntel des in Deutschland erzeugten Gases der Kraftversorgung dient. Die Kraftversorgung vermehrt also die Production der deutschen Gasanstalten durchschnittlich um ein Neuntel.

In Folge der verschieden starken Verbreitung und Bean-spruchung der Gasmotoren ist der Antheil des Kraftgases an der Gesammtgasabgabe in den einzelnen Städten sehr verschieden. Im Allgemeinen kann gesagt werden, dass er in grossen Städten mit eigenen Gasanstalten gering ist, dagegen da, wo die Gasanstalt sich in Privatbesitz befindet, und in kleineren Städten meist ziemlich bedeutend. Er beträgt z. B. 3,56% in Hamburg, 3,59% in Elbing, 4,04% in Essen, 4,2% in Königsberg, 3,5% in Bremen, rund 5% in Karlsruhe, 5,5% in Düsseldorf, 5,7% in Danzig, etwas über 6% in

Leipzig; dagegen 10,9% in Ruhrort, 13,1% in Dessau, 16% in Erfurt (Anstalten der deutschen Continental-Gas-Gesellschaft; sämmtliche deutsche Anstalten dieser Gesellschaft hatten 1892 8,5% Kraftgas in der Gesammtabgabe), 13,7% in Schwäb. Gmünd, 24,2% in Pirmasens, 15,1% in Hanau, 8,66% in Magdeburg, 9,21% in Metz, über 8% in München, 8,6% in Solingen, 8,3% in Stuttgart, 10,64% in Flensburg, 13,20% in Gera; ferner 11,88% in Döbeln, 13% in Peitz, 14,52% in Döhlen-Potschappel, 15,29% in Gardelegen, 17,48% in Hainichen (letztere fünf Anstalten sind Eigenthum der Neuen Gas-Aktien-Gesellschaft in Berlin). Die beiden höchsten Ziffern, 35,31 bezw. 36,41%, sind von zwei in einem Industriebezirk gelegenen, in Privatbesitz befindlichen Gasanstalten erzielt.

Die Abgabe von Kraftgas ist für die Gasanstalten nicht nur eine Vermehrung des Absatzes, sondern als Mittel zur Ausgleichung der grossen Schwankungen im Leuchtgasverbrauch hervorragend vortheilhaft. Es gibt kaum einen Verwendungszweck des Gases, der die Anstalten so günstig belastete, als die Kraftversorgung. Die Gasabgabe für Lichtzwecke ist je nach der Jahreszeit sehr verschieden und beträgt durchschnittlich im December rund fünf mal so viel, als im Juni; ausserdem entfällt sie der Hauptsache nach nur auf einige Stunden des Tages. Heizgas für Wohnräume u. s. w. wird nur im Winter gebraucht und noch dazu grossentheils während der Abendstunden, wenn die Gasanstalten zur Deckung des Lichtbedürfnisses stark beansprucht sind. Das Kraftgas dagegen ist zunächst Tagesgas, wenigstens laufen die für gewerbliche Zwecke dienenden Gasmotoren vornehmlich bei Tage; ausserdem ist der Bedarf nach demselben in den einzelnen Jahreszeiten annähernd gleich, in vielen Fällen sogar im Sommer grösser, als im Winter. (Nur die zur Erzeugung electrischen Lichtes dienenden Gasmotoren bilden in beiden Beziehungen eine Ausnahme). Ebenso günstig, wie durch das Kraftgas, werden die Gasanstalten nur durch das in gewerblichen Betrieben verbrauchte Heizgas (zum Löthen, Sengen, Rösten u. s. w.) und durch das Kochgas belastet. Diese Verwendungszwecke haben jedoch bisher in der Regel so grossen Consum nicht herbeigeführt, wie die Gasmotoren.

Die Höhe des Anlage- und Betriebskapitals einer Gas-

anstalt richtet sich nur mittelbar nach dem ganzen Jahresconsum, unmittelbar dagegen nach dem Consum eines
einzigen Tages, der zumeist in die vorletzte oder letzte
Decemberwoche fällt und in der Regel den Verbrauch eines
Tages im Juni oder Juli um das fünf- bis sechsfache übertrifft. Wenn der Gasverbrauch sich auf die einzelnen Tages- oder Jahreszeiten gleichmässig
vertheilte, so könnte fast jede deutsche Gasanstalt mindestens doppelt so viel Gas liefern, als
jetzt, ohne ihre Anlage irgendwie erweitern zu
müssen; die Rentabilität würde sich also wesentlich erhöhen.
Das Rohrnetz einer Gasanstalt muss nicht nur dem grössten
Tagesverbrauch, sondern sogar dem grössten Stunden-
verbrauch angepasst sein. Dasselbe ist daher die meiste
Zeit des Jahres hindurch auch nicht annähernd voll beansprucht; die Rentabilität desselben kann also erhöht
werden, wenn es gelingt, einen Gasverbrauch herbeizuführen,
der sein Maximum nicht ebenfalls in der Stunde des grössten
Consums findet. Für Verwendungszwecke, welche dieser
Bedingung entsprechen, kann das Gas billiger abgegeben
werden; denn da in der Hauptsache das zur Beleuchtung
dienende Gas die bedeutenden Schwankungen in der Gasproduction herbeiführt, somit die Höhe des Anlagekapitals
fast allein beeinflusst, so erscheint es gerechtfertigt (und war
früher überhaupt nicht anders zu erreichen), dass durch den
Verkauf des Leuchtgases Amortisation und Verzinsung des
Bau- und Betriebskapitals vollständig gedeckt werden. Der
Verkaufspreis des übrigen Gases kann also um einen Theil
des auf den cbm entfallenden Betrags für Zins und Abschreibung ermässigt werden und führt dann immer noch
eine wesentliche Erhöhung der Rentabilität herbei, ganz
abgesehen davon, dass die Herstellungskosten pro cbm
mässiger werden, je grösser die Gesammtproduction wird.
Zunahme des Leuchtgasconsums verbessert den Betrieb einer
Gasanstalt lange nicht in dem Maasse, als wachsender Kraftgasverbrauch; bei einer am Tage des Maximalconsums bis
zur Grenze ihrer Leistungsfähigkeit beanspruchten Gasanstalt
wird durch den Anschluss eines Consumenten mit einigen

hundert Leuchtflammen bauliche Erweiterung, d. h. Erhöhung des Anlagekapitals erforderlich, während bei Tag betriebene Gasmotoren mit derselben Flammenzahl hinzukommen könnten, ohne dieselbe Vergrösserung der Productionsmittel nothwendig zu machen.

»Tagesgas« und »Sommergas« sind die besten Mittel zur Erhöhung der Rentabilität einer Gasanstalt. Beides ist das Kraftgas in hohem Maasse. Einzelne Verwendungszwecke bringen es mit sich, dass eine Anzahl von Gasmotoren nicht nur bei Tage, sondern auch in den Abend- oder frühen Morgenstunden arbeitet, z. B. im Buchdruckereigewerbe bei Zeitungsdruck; aber zweifellos ist die grosse Mehrzahl der gewerblichen Zwecken dienenden Gasmotoren vorwiegend tagsüber im Betrieb. Dass die durchschnittliche tägliche Beanspruchung dieser Motoren im Sommer nicht wesentlich kleiner ist, als im Winter, kann von vornherein sicher vorausgesetzt werden und wird durch die beifolgenden graphischen Tabellen erwiesen.

Fig. 1 zeigt die Gasabgabe aus der der deutschen Continental-Gas-Gesellschaft gehörenden Gasanstalt in Erfurt und zwar getrennt nach Heiz-, Kraft- und Leuchtgas; bei letzterem ist der Verbrauch der privaten und der öffentlichen Gebäude sowie der Strassenbeleuchtung unterschieden. Die Darstellung erstreckt sich auf die Zeit vom Januar 1892 bis einschl. August 1893. Man sieht, dass die Strassenbeleuchtung im December 1892 $3^1/_2$ mal so viel Gas erforderte, als im Juni 1893, die Beleuchtung der öffentlichen Gebäude fast 4 mal so viel, während der Leuchtgasconsum der Privaten über $4^1/_2$ mal so viel beträgt. Der Leuchtgasconsum betrug im December 1892 rund 340% mehr als im darauffolgenden Juni. Von der ganzen Leuchtgasabgabe entfallen 67% auf die sechs Wintermonate (October bis März) und nur 33% auf die Sommermonate (April bis September). Der allerdings ziemlich unbedeutende Koch- und Heizgasconsum zeigt viel geringere Schwankungen, ist aber doch im December 1892 um 50% höher, als im Juni 1893. Der Ende 1892 auf 100 Motoren mit 429 HP. entfallende Kraftgasconsum ist dagegen im December 1892 nur um rund 30%

grösser als im Juni 1893. Daran sind hauptsächlich, wenn nicht ausschliesslich, 6 Gasmotoren mit zusammen 67 HP. schuld, welche zur Erzeugung electrischen Lichtes dienen. Von der ganzen Kraftgasabgabe entfallen 55 % auf die Winter-, 45% auf die Sommermonate. Man sieht, dass die Kraft- und Heizgasabgabe die Gasproduction im Juni um 60% erhöht (bezogen auf die Leuchtgasabgabe), im December dagegen nur um 20%. Infolgedessen übertrifft die Gesammtproduction vom December diejenige vom Juni nur noch um 218% und entfallen vom Gesammtconsum 64% auf den Winter, 36% auf den Sommer. Dies stellt eine immerhin fühlbare Verbesserung der Betriebsverhältnisse der Gasanstalt dar.

Nebenbei ist vielleicht die Bemerkung von Interesse, dass aus der graphischen Darstellung der Einfluss der mitteleuropäischen Zeit hervorgeht: 1892 annähernd proportionale Abnahme des Leuchtgasverbrauchs vom Januar bis Juni, 1893 dagegen ein besonders grosser Rückgang zwischen März und April.

Fig. 2 zeigt in derselben Weise die Verhältnisse der Gasabgabe in Dessau. Der Einfluss des Kraftgases auf Ausgleichung der Schwankungen in der Gasabgabe ist zwar nicht ganz so gross, als in Erfurt, doch zeigt sich, dass der Betrieb im Juni und Juli durch die Abgabe für Kraft- und Heizzwecke in wesentlich höherem Maasse aufrecht erhalten werden konnte, als bei blosser Leuchtgasabgabe der Fall gewesen wäre, und das Verhältniss 5:1 der Leuchtgas- abgabe im Dezember zu der im Juni wird durch den Einfluss von Kraft- und Heizgas auf 4:1 für die Gesammt- abgabe ermässigt. Der Hauptzweck der Veröffentlichung dieser Tabelle ist aber, zu zeigen, in welcher Weise die zur Erzeugung electrischen Lichtes dienenden Motoren die Gasanstalten belasten; es war für Dessau durchführbar, den Verbrauch dieser Motoren von demjenigen der übrigen getrennt darzustellen. Wie man sieht, haben dieselben im Mai, Juni, Juli und August einen sehr geringen Consum, in den Wintermonaten dagegen zum Teil einen grösseren Consum, als alle übrigen Motoren zusammen. Der Verbrauch der letzteren ist in den einzelnen Monaten nur unwesentlich verschieden; die Vermehrung ihrer Zahl lässt sich aus der

Darstellung leicht erkennen (das plötzliche starke Anwachsen des Kraftgasconsums im August 1893 ist auf den Versuchs-betrieb eines neuen, sehr grossen Motors zurückzuführen).

Die zur Erzeugung electrischen Lichtes dienenden Gas-motoren, welche wenig »Tagesgas« und, was viel wichtiger ist, noch weniger »Sommergas« verbrauchen, führen also in keiner Weise eine Verbesserung der Betriebs-verhältnisse der Gasanstalten herbei, sondern ver-mehren nur deren an sich schon ungünstige Belast-ung im Winter. Das Vorgehen derjenigen Gasanstalts-Verwaltungen, welche, wie früher erwähnt, diese Motoren den übrigen im Kraftgaspreise nicht gleichstellen, ist dem-nach durch wirthschaftliche Erwägungen wohl-begründet, nicht bloss, wie in Laienkreisen vielfach an-genommen wird, durch die berechtigte Gleichstellung des zur Erzeugung elektrischen Lichtes dienenden Gases mit dem Leuchtgase überhaupt.

Dagegen sei auch hier hervorgehoben, dass der Betrieb von Wasserwerken durch Gasmotoren für die Gasanstalten eine ganz besonders günstige Belastung herbeiführt, da der Wasserverbrauch im Sommer erheblich grösser ist als im Winter, somit gerade in der Zeit des kleinsten Leuchtgas-consums einen höheren Kraftgasconsum veranlasst.

Wie weit der günstige Einfluss der Kraftgasabgabe auf die Gasanstalten bereits geht, zeigen die Fig. 3 und 4, welche die Gasabgabe der oben erwähnten, in einem Industrie-bezirk gelegenen Gasanstalten mit 35,31 bezw. 36,41 % Kraft-gasabgabe darstellen. Die Leuchtgasabgabe im Dezember verhält sich zu der im Juni wie 5 : 1 in der einen, wie 4 : 1 in der andern Anstalt; durch den Einfluss des Kraftgas-consums, welcher, wie ersichtlich, in einzelnen Sommer-monaten grösser ist, als im Winter (in beiden Städten sind Motoren zur Erzeugung electrischen Lichtes nicht vorhanden), werden diese Verhältnisse auf 2 : 1 zurückgeführt. Von der Gesammtgabe entfallen bei der einen Anstalt rund 40 %, bei der andern rund 39 % auf die sechs Sommermonate. Denselben Jahresconsum wie jetzt, aber ausschliesslich in Form von Leuchtgas, könnten diese beiden Anstalten mit

5

ihrer jetzigen technischen Einrichtung, d. h. ohne Erhöhung ihres Baukapitals, nicht liefern; es wäre dazu mindestens eine sehr erhebliche Vergrösserung des Gasometerraumes erforderlich.

Weniger wichtig als »Sommergas« ist für den Gasanstalts-betrieb das »Tagesgas«; denn Dank der grossen, einen Ver-lust nicht herbeiführenden Aufspeicherung in den Gasbehältern braucht die Production die Schwankungen des Consums nicht mitzumachen, wie das z. B. bei allen ohne Accumu-latoren arbeitenden electrischen Centralen der Fall ist, sondern man hat in der Regel nur dafür zu sorgen, dass in 24 Stunden so viel Gas erzeugt wird, als im gleichen Zeitraum voraus-sichtlich verbraucht wird. Doch kann eine Ausgleichung der täglichen Schwankungen im Gasconsum nur erwünscht sein. Aus einer grossen Zahl graphischer Darstellungen der Gasabgabe an einzelnen Tagen habe ich, als besonders interes-sant, Fig. 5 zur Veröffentlichung gewählt; dieselbe stellt die Gasabgabe der Anstalt Dessau an drei aufeinander folgen-den Tagen Anfangs Juni 1893 dar. Da die Gasmotoren in Dessau mit höchstens vier Ausnahmen Sonntags nicht in Betrieb sind, so kann das mittlere Drittel der Tabelle als Normal für die Gasabgabe einer nur Licht und Wärme liefernden Anstalt betrachtet werden. Von 7—9 Uhr Vor-mittags und dann von 11—1 Uhr wird Kochgas verbraucht, Abends von 9—11 Uhr ist der Lichtconsum am stärksten. Man sieht, dass an diesem Tage der Gasverbrauch in der Zeit von Morgens 6 Uhr bis Abends 6 Uhr noch nicht ein Drittel des Consums der darauffolgenden 12 Stunden aus-macht. Am Tage zuvor, Samstag 3. Juni, vertheilte sich die Gasabgabe, wie ersichtlich, viel gleichmässiger auf die einzelnen Tageszeiten, was fast allein dem Consum der Gas-motoren zugeschrieben werden muss. Am 5. Juni, Montags, ist die Vertheilung allerdings nicht ganz so günstig, aber immerhin erheblich besser, als Sonntags. Am 3. Juni war die Abgabe in den 12 Tagesstunden derjenigen in den Nacht-stunden nahezu gleich. Die Tabelle lässt die zwischen 12 und 1 Uhr Mittags eintretende Pause im Betrieb der Gas-motoren, sowie die Feierabendstunde (7 Uhr Abends) deutlich erkennen. Durch die punktirte Linie *P* wird die Gas-erzeugung an den genannten Tagen dargestellt; man sieht, dass dieselbe zwar etwas schwankend vor sich gegangen, dass aber die Schwankungen denen des Consums in keiner Weise folgten. Es ist sogar Sonntags während der Zeit des ge-ringsten Verbrauchs die Production grösser gewesen, als in der Nacht zuvor in den Stunden des stärksten Consums.

Aus dem Gesagten geht zur Genüge klar hervor, dass durch die Kraftversorgung der Städte die Gasanstalten in sehr günstiger Weise belastet werden. Die Gasmotoren führen nicht nur Vermehrung des Consums, die in jeder Weise angenehm ist, sondern eine hervorragend vor-theilhafte Steigerung desselben herbei. Deshalb kann und sollte denn auch überall der Preis des Kraftgases wesent-lich mässiger gestellt sein, als der Normal-Gaspreis. Wenn die städtischen und privaten Electricitätswerke den Strom für motorische Zwecke zu oder unter den directen Selbstkosten abgeben, sei es nun aus Rücksicht auf den »Belastungsfactor«, sei es, um wenigstens einiger-massen mit der Leuchtgas-Kraftversorgung con-curriren zu können, sei es aus Erwägungen social-politischer Natur, so sollten höhere Preise für Kraft-gas als 15 Pf. pro cbm wenigstens in den grösseren Städten nicht mehr beibehalten werden. Ich habe mehrfach ziffermässig nachgewiesen, dass die Verbreitung der Gasmotoren in hohem Grade vom Kraftgaspreis abhängig ist, und kann daher bestimmt annehmen, dass ein durch Preisermässigung etwa entstehender Ausfall in den Ueber-schüssen nach einigen Jahren durch die vermehrte Zahl der Gasmotoren wieder ausgeglichen sein wird.

Die Einwendungen, die gegen die Kraftversorgung durch Leuchtgas vorgebracht werden, sind gewöhnlich folgende: 1. Infolge der ruckweisen Gasentnahme durch die Motoren zuckten die an dieselbe Leitung angeschlossenen Leucht-flammen in der Nachbarschaft; 2. das Rohrnetz sei für den Anschluss einer grösseren Zahl von Motoren nicht ausreichend, um für die Leuchtgasconsumenten einen entsprechenden Gasdruck aufrecht zu erhalten. Dazu bemerke ich: 1. Dass

5*

Leuchtgasflammen in der Nachbarschaft arbeitender Motoren
zucken, ist allerdings oft zu sehen. Die Thatsache, dass in
der Nähe des grössten z. Z. in Deutschland arbeitenden Gasmotors (120 HP.) aus derselben Leitung gespeiste Gasflammen
absolut ruhig brennen, lehrt aber, dass dieser Missstand
vollkommen beseitigt werden kann. Bei richtiger Anlage der Leitung und Einschaltung eines ge-
eigneten Regulators kann kein Gasmotor benach-
barte Flammen beeinflussen. Grössere Motoren, die
zumeist zweicylindrig gebaut sind, entnehmen das Gas gleichmässiger, weil öfter, als eincylindrige Viertaktmotoren.
Uebrigens steht zu erwarten, dass für grössere Leistungen
die Arbeitsweise im Zweitakt in neuer Form wieder auf-
genommen wird. 2. Da die Motoren grösstentheils in den
Tagesstunden arbeiten, ist die Gefahr einer Beeinträchtigung
der Beleuchtung durch mangelnden Druck an sich nicht
gross; wo sie wirklich eintritt, da kann durch Erhöhung
des Druckes von der Gasanstalt aus abgeholfen werden,
wonach die Gasconsumenten so wie so lebhaft verlangen. Und
wenn wirklich einmal so viele Motoren an einen Rohrstrang
angeschlossen würden, 'dass derselbe durch einen stärkeren
ausgewechselt werden müsste, so würde auch dies einen
Schaden für die Gasanstalt nicht bedeuten. Ganz derselbe
Fall kann ja auch durch Hinzukommen einer grösseren Anzahl neuer Leuchtflammen eintreten, hier sogar noch eher,
als durch Vermehrung der Gasmotoren.

Noch ein allerdings oft verhandelter Punkt soll hier
nicht unerwähnt bleiben. Die emsigen, jahrelangen Bemühungen, rauchverzehrende Feuerungen zu schaffen und so die
Rauch- und Russplage zu beseitigen, haben bisher, wie
es scheint, eine in jeder Hinsicht befriedigende Lösung nicht
herbeigeführt. Wenn nicht die Leuchtgas-Kraftversorgung
wäre, so trüge heute schon diese so schwer empfundene
Belästigung einen noch ernsteren Charakter, und so wie die
Sache jetzt liegt, sind vielleicht die Gasanstalten in erster
Linie berufen und befähigt, den Missstand beseitigen zu
helfen. Seit einigen Jahren tritt, wie wir gesehen haben,
der Gasmotor immer mehr als erfolgreicher Concurrent gegen

die Dampfmaschine auf, auch bei grösseren Leistungen. Die
Bemühungen hervorragender Constructeure, den Gasverbrauch
pro Stundenpferd zu ermässigen und Gasmotoren von viel
grösserer Leistung, aber geringerem Gewicht, Raumbedarf
und Preis zu bauen, werden, im Verein mit weiteren Ermässigungen des Kraftgaspreises, bald dahin führen, dass
die Dampfmaschine der in mittleren und grossen Betrieben
erforderlichen Leistung dem Gasmotor gegenüber nicht mehr
im Vortheil ist.[1]) So könnte dann eine Reihe von Ursachen
der Rauchplage beseitigt werden; die zahlreichen Haus-
feuerungen, die ebenfalls ein gut Theil Rauch und Russ
verursachen, können heute schon in der Regel mit Vortheil durch Einführung von Kochgas überflüssig gemacht
werden, und das Nebenproduct der Gasbereitung, Coke,
bildet zur Zimmerheizung im Winter ein vorzügliches,
ohne Entwickelung von Rauch und Russ verbrennendes
Material.

Man hört denn auch oft sagen, dass die Gasanstalten
durch die Electricitätswerke ja nicht völlig verdrängt werden
sollen, sondern neben denselben als Heizcentralen fort-
bestehen würden. Nun lehren aber die hier veröffentlichten
und eine grosse Zahl anderer graphischer Darstellungen der
Abgabe aus verschiedenen deutschen Gasanstalten, dass der
Antheil des Koch- und Heizgases an der Gesammtabgabe
nicht sehr bedeutend ist; er nimmt auch in der Regel nicht
in dem Verhältniss zu, wie der Antheil des Kraftgases.
Steigerung des Heizgasconsums, abgesehen von demjenigen
gewerblicher Anwesen, ist rechnenden Gasfachmännern nicht
einmal besonders erwünscht. Die Erfahrung hat ferner gezeigt,
dass fast in allen Städten, wo electrische Centralen errichtet
wurden, die Gasanstalten mindestens in ihrem früheren
Umfang Lichtcentralen geblieben sind. Die deutschen
Gasanstalten liefern fast ausnahmslos in der Hauptsache

---

[1]) In England gibt es bereits zahlreiche Fabriken, insbesondere
der Textil-, Mühlen- und Papierindustrie, die ihre Dampfmaschinen
durch Gasmotoren von grosser Leistung, 100, 200, 400 bis 600 HP.,
ersetzt haben, wie behauptet wird, mit gutem Erfolg.

Licht, und namentlich im Hinblick auf den neuesten grossen Fortschritt der Gasbeleuchtung, das Auerlicht, liegt gar kein Grund vor, anzunehmen, dass hierin in Bälde eine Aenderung eintreten wird. Nach der Lichtlieferung bildet aber die Kraftversorgung z. Z. die wichtigste Aufgabe der Gasanstalten, und so wie hier die Verhältnisse liegen, ist zweifellos die Behauptung berechtigt, dass für absehbare Zeit die Gasanstalten als Kraftcentralen eine hervorragende Rolle spielen werden.

Zum Schlusse fasse ich die oben behandelten wichtigsten wirthschaftlichen Gesichtspunkte der Leuchtgas-Kraftversorgung noch einmal kurz zusammen:

1. Die Kraftversorgung durch Leuchtgas hat z. Z. in Deutschland eine viel grössere Verbreitung, als alle concurrirenden Systeme. Die Verbreitung des Gasmotors nimmt stetig, wie es scheint, sogar progressiv zu.

2. Die Verwendung des Gasmotors ist ausserordentlich vielseitig; das Kleingewerbe, dem vielfach ein starker Bedarf für motorische Kraft zugeschrieben wird, ist jedoch nur in geringem Maasse an der Leuchtgas-Kraftversorgung betheiligt.

3. Die Beanspruchung (Betriebsstundenzahl) der Gasmotoren beträgt nicht, wie häufig angenommen wird, durchschnittlich 3000 Stunden im Jahre, sondern ist mit 1200 Stunden schon sehr hoch veranschlagt. Für ein Kraftvertheilungs-System irgend welcher Art sollte daher eine höhere Beanspruchung als diese nicht mehr vorausgesetzt werden.

4. Für den Kraftconsumenten ist nach dem jetzigen Stande der Technik die Leuchtgas-Kraftversorgung in den Betriebskosten mindestens ebenso vortheilhaft, in den meisten Fällen vortheilhafter, als alle concurrirenden Kraftvertheilungs- oder Motorensysteme.

5. Für die Gasanstalten bildet die Kraftversorgung einen sehr vortheilhaften Ausgleichsfactor.

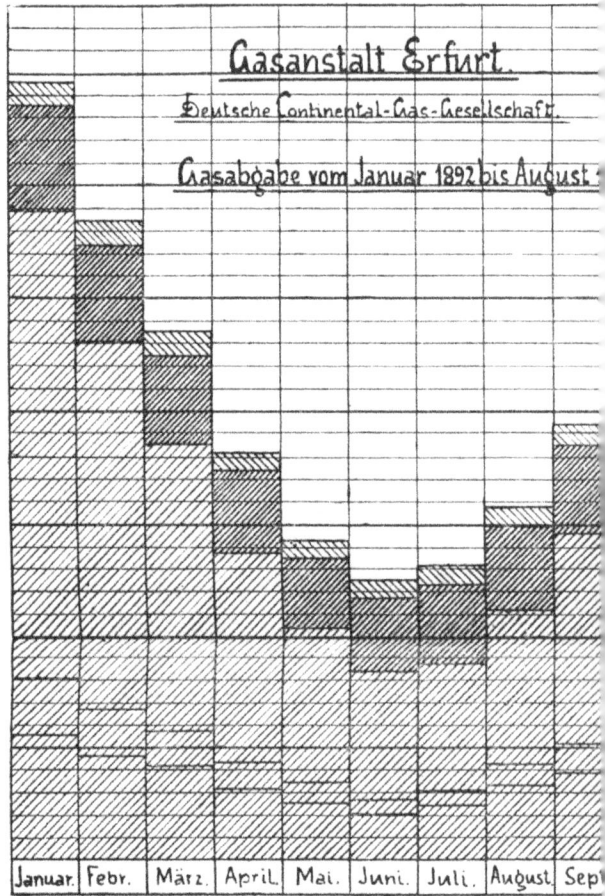

Gasanstalt Erfurt.

Deutsche Continental-Gas-Gesellschaft.

Gasabgabe vom Januar 1892 bis August

| Januar. | Febr. | März. | April. | Mai. | Juni. | Juli. | August. | Sept |

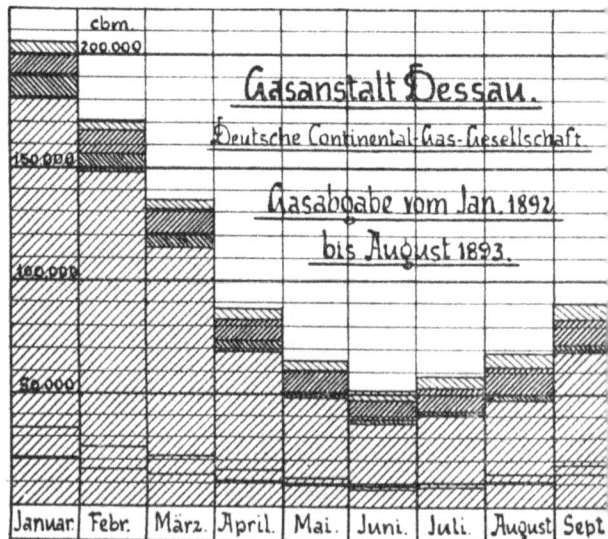

cbm.

200 000

Gasanstalt Dessau.

Deutsche Continental-Gas-Gesellschaft.

Gasabgabe vom Jan. 1892

bis August 1893.

150 000

100 000

50 000

| Januar. | Febr. | März. | April. | Mai. | Juni. | Juli. | August | Sept |

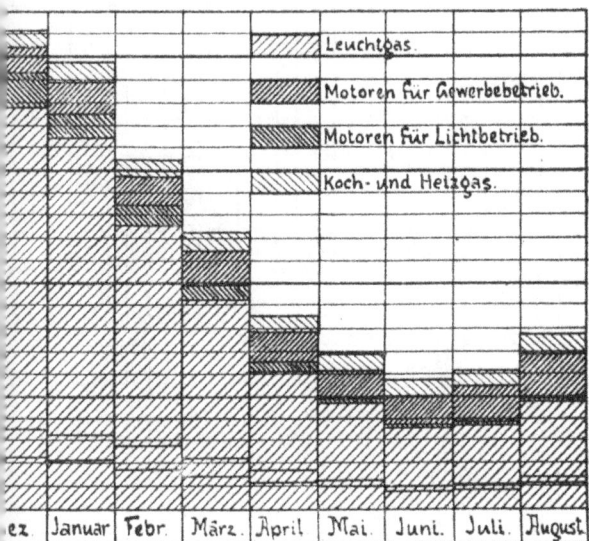

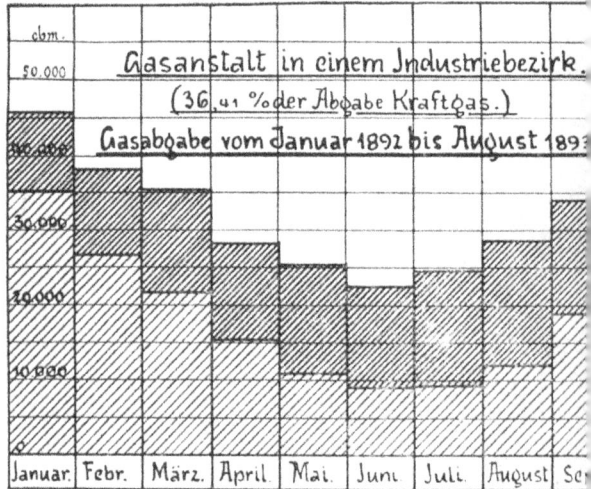

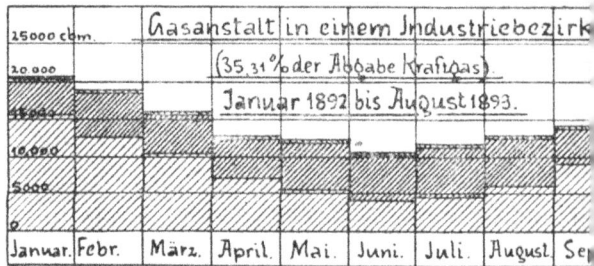

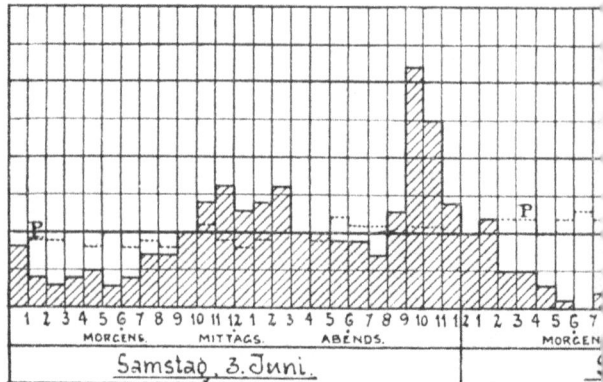

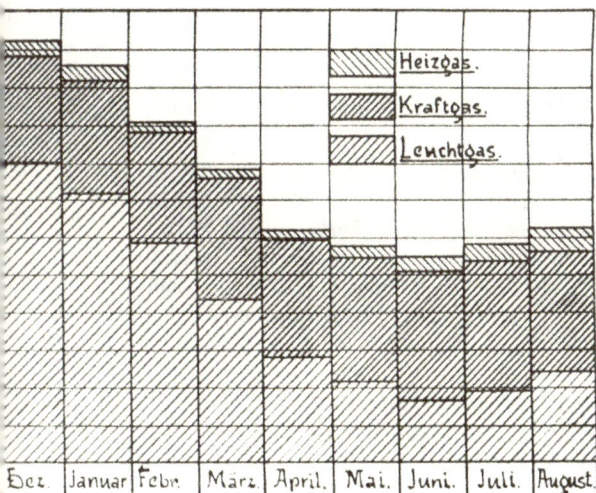

Dez.	Januar.	Febr.	März.	April.	Mai.	Juni.	Juli.	August.

Legend: Heizgas. Kraftgas. Leuchtgas.

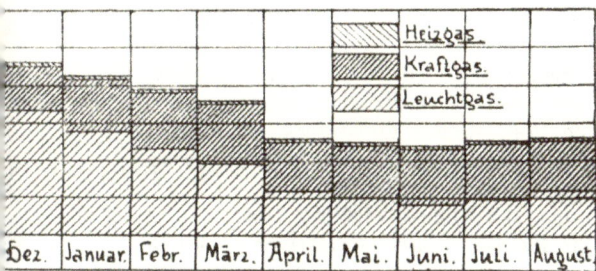

Dez.	Januar.	Febr.	März.	April.	Mai.	Juni.	Juli.	August.

Legend: Heizgas. Kraftgas. Leuchtgas.

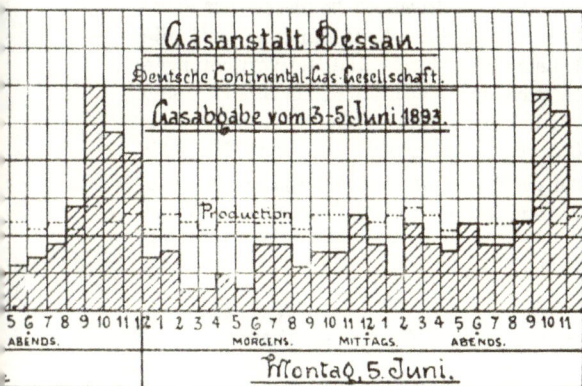

Gasanstalt Dessau.
Deutsche Continental-Gas-Gesellschaft.
Gasabgabe vom 3-5 Juni 1893.

Production

5 6 7 8 9 10 11 12	1 2 3 4 5 6 7 8 9 10 11 12	1 2 3 4 5 6 7 8 9 10 11
ABENDS.	MORGENS.	MITTAGS. ABENDS.

Montag, 5. Juni.

Druck von R. Oldenbourg in München.

Verlag von **R. Oldenbourg** in **München** und **Leipzig.**

Schilling's Journal für Gasbeleuchtung und Wasserversorgung. Organ des „Deutschen Vereins von Gas- und Wasserfach-männern." Herausgegeben von **Dr. H. Bunte,** grossh. Hofrat und Professor an der techn. Hochschule in Karlsruhe, General-sekretär des Vereins. Monatlich 3 Nummern. Mit zahlreichen Illustrationen. Gr. Fol. Preis des mit dem Kalenderjahr be-ginnenden Jahrgangs Mk. 20.—, bei direktem oder Postbezug wird ein Portozuschlag erhoben.

Gesundheits-Ingenieur. Unter besonderer Mitwirkung von K. Hart-mann, kais. Reg.-Rat im Reichs-Versicherungs-Amt in Berlin, A. Herzberg, kgl. Baurat in Berlin, Dr. Fr. Renk, Pro-fessor a. d. Universität Halle, H. Rietschel, Geh. Reg.-Rat, Professor a. d. techn. Hochschule in Berlin, H. Schmieden, kgl. Baurat in Berlin, herausgegeben von **G. Anklamm,** Betriebs-leiter des Wasserwerkes zu Friedrichshagen bei Berlin. Monat-lich 2 Nummern. Mit zahlreichen Textfiguren und Tafeln. Gr. Fol. Preis pro Semester Mk. 8.—. Für Mitglieder des Deutschen Vereins von Gas- und Wasserfachmännern, sofern dieselben Abonnenten des Journals für Gasbeleuchtung und Wasserversorgung sind, beträgt der Abonnementspreis pro Se-mester nur Mk. 6.—.

☛ **Probenummern gratis und franko.** ☚

Assmann, G., Ingenieur, **Die Bewässerung und Entwässerung von Grund-stücken** im Anschluss an öffentliche Anlagen dieser Art. Mit 436 in den Text eingedruckten Abbildungen. (VI u. 326 S.) gr. 8⁰. Preis brosch. Mk. 7.—.

Coglievina, D., Ingenieur, **Das Gas als Brennstoff im Dienste der Haus-wirtschaft.** Unter ausschliesslicher Bedachtnahme auf die neuesten und vorzüglichsten Gas-, Koch- und Heizvorrichtungen zum praktischen Gebrauch für Hausfrauen, Installateure und Bautechniker volkstümlich erläutert. Mit 30 Abbildungen. (VIII u. 52 S.) gr. 8⁰. Preis brosch. Mk. 1.—, kart. Mk. 1.20.

Frank, Alb., **Die Berechnung der Kanäle und Rohrleitungen** nach einem neuen einheitlichen System mittels logarithmographischer Tabel-len. Mit 9 Tafeln u. 11 in den Text gedruckten Figuren. (IV u. 48 S.) gr. 8⁰. Preis geb. Mk. 7.—.

Zu beziehen durch jede Buchhandlung.

Gaisberg, S. Freiherr von, **Taschenbuch für Monteure elektrischer Beleuchtungsanlagen.** 8. Aufl. (VIII u. 181 S.) kl. 8⁰. Preis geb. Mk. 2.50.

Grahn, E., Die Art der Wasserversorgung der Städte des deutschen Reiches mit mehr als 5000 Einwohnern. Statistische Erhebungen. Mit 1 Karte in Farbendruck. (XXIII und 339 S.). gr. 8⁰. Preis geb. Mk. 10.—.

Halbertsma, H., Tabelle der Wassermenge pro Minute und Widerstandshöhen für Röhrenleitungen. (Separat-Abdruck aus dem Journal für Gasbeleucht. u. Wasserversorg., 1892, Heft 9). Preis **10 Pf.**

Kalender für Gas- und Wasserfach-Techniker. Zum Gebrauche für Dirigenten und technische Beamte der Gas- und Wasserwerke, sowie für Gas- u. Wasserinstallateure. Bearbeitet von **G. F. Schaar,** Civilingenieur. **XVIII. Jahrg. 1895.** kl. 8⁰. In Brieftaschenform (Leder) geb. Preis Mk. 4.—.

Karmarsch, Karl, Geschichte der Technologie seit der Mitte des 18. Jahrhunderts. (VII u. 932 S.) 8⁰. Preis brosch. Mk. 11. —

Lieckfeld, G., Ingenieur, **Aus der Gasmotorenpraxis,** Rathschläge für den Ankauf, die Untersuchung und den Betrieb von Gasmotoren (XII u. 67 S.) kl. 8⁰. Preis kart. Mk. 1.50.

Schilling, Dr. N. H., Handbuch für Steinkohlengas-Beleuchtung. Dritte umgearbeitete und vermehrte Auflage. Mit 77 Tafeln und 388 Holzschnitten. 2 Bände (I. Band XV u. 692 S., II. Bd. Atlas). 4⁰. Preis brosch. Mk. 49.40, in Callico geb. Mk. 54.—.

Schilling, Dr. Eugen, Direktor der Gasbeleuchtungs-Gesellschaft in München, **Neuerungen auf dem Gebiete der Erzeugung und Verwendung des Steinkohlen-Leuchtgases.** Zugleich Nachtrag zu Schilling's Handbuch für Steinkohlengas-Beleuchtung. Mit 196 in den Text gedruckten Abbildungen. (VII u. 2ö9 S.). 4⁰. Preis brosch. Mk. 12.—, geb. Mk. 13.20.

(Den neu hinzutretenden Abnehmern des Schilling'schen Handbuches wird vorstehender Nachtrag gratis verabfolgt.)

Schilling, Dr. N. H., Statistische Mitteilungen über die Gasanstalten Deutschlands, Österreichs und der Schweiz, sowie einiger Gasanstalten anderer Länder. Bearbeitet von **Lothar Diehl.** 4. stark vermehrte Auflage. (VIII u. 837 S.). Gr. 8⁰. Preis geb. Mk. 15.—.

www.ingramcontent.com/pod-product-compliance
Lightning Source LLC
Chambersburg PA
CBHW031451180326
41458CB00002B/735